Scratch 3.0 实战与思维提升

胡秋萍　黄桂晶　主　编

王　戈　郭春玲　副主编

清華大学出版社

北　京

内 容 简 介

Scratch 是一款面向青少年的编程工具，简单易学，又能寓教于乐，让孩子们充分获得创作的乐趣。

本书分为 3 章。第 1 章通过 8 个好玩、有趣的小项目，介绍了 Scratch 3.0 的编程基础知识，激发读者探索的兴趣。第 2 章介绍程序设计基础知识，这里将学习有关数据、数据运算、程序结构、事件控制等知识，使孩子们对 Scratch 代码背后的知识有一个初步认知，最后完成"森林搜救"综合项目。第 3 章介绍了如何用 Scratch 实现 4 个经典算法游戏，包括穷举法、排序算法、递推算法和递归算法。

本书适合对编程感兴趣的青少年以及不同年龄段的初学者阅读，也适合作为指导青少年学习计算机程序设计的入门教程。

图书在版编目（CIP）数据

Scratch 3.0实战与思维提升 / 胡秋萍，黄桂晶主编. —北京：清华大学出版社，2020.6

ISBN 978-7-302-55338-0

Ⅰ. ①S… Ⅱ. ①胡… ②黄… Ⅲ. 程序设计—少儿读物 Ⅳ. ①TP311.1-49

中国版本图书馆CIP数据核字（2020）第061385号

责任编辑：贾小红
封面设计：魏润滋
版式设计：文森时代
责任校对：马军令
责任印制：宋　林

出版发行：清华大学出版社
　　　网　　　址：http://www.tup.com.cn, http://www.wqbook.com
　　　地　　　址：北京清华大学学研大厦 A 座　　邮　　编：100084
　　　社 总 机：010-62770175　　　　　　　　邮　　购：010-62786544
　　　投稿与读者服务：010-62776969，c-service@tup.tsinghua.edu.cn
　　　质量反馈：010-62772015，zhiliang@tup.tsinghua.edu.cn
印 装 者：三河市铭诚印务有限公司
经　　销：全国新华书店
开　　本：170mm×240mm　　印　　张：14.75　　字　　数：170 千字
版　　次：2020 年 8 月第 1 版　　　　　　　印　　次：2020 年 8 月第 1 次印刷
定　　价：69.80 元

产品编号：085574-01

Committee

编委会名单

主　编：胡秋萍　黄桂晶

副主编：王　戈　郭春玲

编　委：王玉英　季文霞　刘中臻
　　　　李军玲　宋京妍　李永恒
　　　　宋婷婷　吴　阳　崔东伟
　　　　李伟华　孔玲霞　范　晶
　　　　尚　凯　王　宇　姜睿曦
　　　　谢　晓　单海霞

2017 年，国务院《新一代人工智能发展规划》发布，对基础教育提出"实施全民智能教育项目，在中小学阶段设置人工智能相关课程，逐步推广编程教育"的要求。2018 年，教育部印发《高等学校人工智能创新行动计划》，进一步明确要"构建人工智能多层次教育体系，在中小学阶段引入人工智能普及教育"。人工智能教育受到了社会的高度重视。

人工智能（Artificial Intelligence）是研究、解释和模拟人类智能、智能行为及其规律的一门学科。其主要任务是建立智能信息处理理论，进而设计可以展现某些近似于人类智能行为的计算系统。它是计算科学的一个分支，也为某些相关学科如心理学等所关注。学习程序设计是进入人工智能殿堂的必经之路。编程课程中蕴含着丰富、系统的知识、思想、方法。教中小学生学习编程，目的不是将来让所有的学生毕业以后都去做软件工程师，而是要通过学习编程，培养学生的科学思维、逻辑思维、算法思维、效率思维、创新思维、伦理思维，这些思维方式、思想方法在其他学科学习中是难以全面、系统和有效获得的。

青少年是未来社会发展的生力军和中坚力量，青少年时期是兴趣养成和世界观形成的关

键时期。在基础教育领域，研究如何切实有效地在信息技术教育中加强编程课程教学，提升青少年对信息技术发展现状和研究前沿的认知水平，更好地适应人工智能时代的生活，加深对信息技术所蕴含的技术思想和技术原理的理解，培养综合实践能力和创新精神，激发对学习信息技术的兴趣，既是培养新时代创新人才的重要手段，更是国家经济社会发展的战略需要。中国社会经济的发展，对信息时代优秀人才及合格公民在信息素养方面的要求与日俱增，信息素养已成为所有公民必备的素养。过去仅仅要求信息技术专业人才应具有的能力，如计算思维能力、算法设计与分析能力、程序设计与实现能力、系统分析开发与应用能力，现今已经普及到各行各业。运用计算机科学的基础概念、基本方法，运用系统设计以及人工智能、大数据、云计算方式处理各领域问题，已经成为社会经济发展的新动力。信息时代的劳动者要从信息技术的一般使用者向高级用户转变，从信息系统的被动接受者向主动参与者转变，要能够创造性地应用信息技术，能够在信息技术的应用中提出进一步的信息需求。

Scratch 作为一款专门为青少年学习编程开发的编程平台，由于采用了模块化的编程方式，回避了学生记忆复杂语法规则和阅读冗长程序代码的学习难点，入门难度大大降低，可以引导学生将学习精力快速集中在程序结构和程序的核心算法上，得到学生、教师的普遍欢迎。

不久前欣喜地拿到了胡老师主编的这本教材，非常欣赏教材的设计思路、内容安排和编写风格。胡老师具有多年信息技术教育和教师培训经验，具有先进的教育理念，熟悉青少年学习心理，

了解学校教师的教学需求与习惯，教材编写语言通俗，程序示例妙趣横生，学习内容由浅入深、层层递进，相信一定会带给喜爱学编程的孩子和热爱教编程的老师们惊喜。

祝愿有更多的孩子爱上编程，祝愿有更多的老师能够教好编程！

王振德

北京教育科学研究院信息技术教研员

前言

这是一本写给青少年读者的编程与算法入门图书，希望它能帮您推开程序世界的这扇大门，让你看到一个不一样的精彩世界。

为什么要学习编程？

我们身处的这个时代是一个迅速发展的时代，互联网、智能手机、各种 App、无人飞机、无人汽车、大数据、机器人等都已经一步步变成了现实，5G、物联网、人工智能很快也会大面积地普及。

这一切的背后，离不开人类为应对科技和生活需要而编写的各类软件。什么是软件呢？软件就是人们在算法思维下抽象地解决问题，然后使用计算机语言来实现其功能的一个程序。在未来，编程能力与算法思维将成为我们每个人的基本能力，就像每个人都要具备基本的读写能力一样。当然，学会编程后，你不一定要去做程序员。但假如你没有基本的编程常识和算法思维，在未来的大数据和人工智能时代里，将会非常吃力。

Scratch 是什么？

Scratch 是美国麻省理工学院研发的一套编程入门学习软件。它采用图形化的编程方

式，非常容易学会，并且功能强大，可以做出动画、游戏、音乐MTV、特效、故事等您能想到的几乎任何东西，它还可以和某些智能硬件（如乐高机器人）结合，创造出好玩的作品。

Scratch 把枯燥乏味的数字代码变成"积木"状的模块，你在搭建"积木"的过程中不知不觉学会编程，并初步体验到算法思维的乐趣，因此非常适合作为青少年的编程启蒙工具。

本书的特点

和许多其他 Scratch 图书不同，本书在教授 Scratch 编程技巧的同时，更注重读者算法思维能力的塑造和提升。

本书分为 3 章，按照由易到难的顺序进行编写。第 1 章通过8 个好玩、有趣的小项目，介绍了 Scratch 3.0 的编程基础知识，你可在制作游戏、动画的过程中边玩边学，激发探索的兴趣。第2 章重点介绍了程序设计基础与常见的问题解决方式，这里将学习到有关数据、数据运算、程序结构、事件控制等知识，使你对Scratch 代码背后的知识有一个初步认知，并给出了一个复杂的"森林搜救"综合项目。第 3 章介绍了如何用 Scratch 实现 4 个经典算法游戏，包括穷举法、排序算法、递推算法和递归算法。

本书将知识点融入一个个案例中，你在轻松玩转 Scratch 的同时，可真切体会到一个具体想法是怎么被一点点地抽象，直到被分拆成可以轻松实现的模块。这一从具体到抽象的学习过程，符合人们的认知规律，能帮助你快速形成一定的逻辑与算法思维。

怎样才能学好 Scratch？

❋ 在做中学：一定要多练习书中的案例项目，使得每一步都

做到滚瓜烂熟。

❋ **多思考，多尝试**：遇到问题不要着急，尝试着分析背后的逻辑。该问题能否分拆？应该怎么分拆？为什么要这么分拆？还有没有别的可能？记住，只要有想法，就尝试去实现它。通过比较不同逻辑下的程序效果，你一定会顿悟很多。

❋ **不怕困难失败**：学习肯定会遇到各种各样的困难，失败也是很正常的。失败了，说明这种方法不可行。不要气馁，此时你将距离可行的方法又近了一步。

❋ **多与他人交流**：和朋友一起学习和探讨，分享自己的项目，快速学习别人的优点。遇到问题，多向老师请教。

　　本书由胡秋萍、黄桂晶、王戈、郭春玲编写，李伟华审校，是北京市朝阳区中小学编程教育的教改实验课题成果。本书在写作中，已尽可能地严格把关，所有案例都经过仔细甄选，所有代码也都进行了多次验证。但仍难免会有不尽如人意之处，希望各位读者朋友多提宝贵的意见和建议。读者在实现本书案例的过程中，也可能会有更好的制作方法，欢迎一起交流提升。

胡秋萍

2020 年 6 月

目　录

第 1 章

用小项目学 Scratch 基础

第1节　了解 Scratch 3.0

 **学习目标**

1. 了解 Scratch 3.0 界面各部分的名称和功能，学会设置程序的中文界面。

2. 认识角色，学会从素材库里添加新角色。

3. 打开游戏玩一玩，知道开始和结束游戏的方法。

4. 知道规则在游戏中的重要性。

同学们在日常的学习生活中都会有一些自己的创意，例如设计一款小游戏、创作一个校园生活故事等。Scratch 是一款积木式编程软件，它就像我们小时候玩的积木一样简单又有趣，可以帮助你实现这些愿望。

 下载和安装 Scratch 3.0

Scratch 支持在线和离线两种编程方式。在电脑联网的情况下，同学们进入 Scratch 官网（https://scratch.mit.edu）并注册一个账户，登录后即可开始编程，不需要下载和安装软件。如果提前下载和安装了 Scratch 软件，同学们也可以在计算机未连接 Internet 的情况下离线编程。

打开 Scratch 官网，在页面底端的"支持"类别中单击"离线编辑器"超链接，如图 1-1-1 所示。

关于	社区	支持	法律	Scratch家族
关于Scratch	社区指南	创意	使用条款	Scratch教育论坛
给父母的话	讨论区	常见问题	隐私政策	幼儿版Scratch
致教育工作者	Scratch维基百科	离线编辑器	DMCA	Scratch Day
致开发者	统计信息	联系我们		Scratch大会
鸣谢		Scratch商店		Scratch 基金会
任务		捐款		
新闻				

图 1-1-1　Scratch 下载页面

进入下载界面（见图 1-1-2）后，选择合适的操作系统版本，再单击"下载"按钮，就开始下载 Scratch 软件了。下载后得到的文件是 Scratch Desktop Setup 3.4.0（随着版本更新，版本号会不同），只需要双击该文件，电脑就会开始安装 Scratch。

图 1-1-2　Scratch 下载界面

Scratch 安装完成后，桌面上会出现 图标。双击该图标，可打开 Scratch 离线编辑器，如图 1-1-3 所示。

操作步骤

怎样打开 Scratch？

双击桌面上的 图标，即可打开 Scratch 软件。

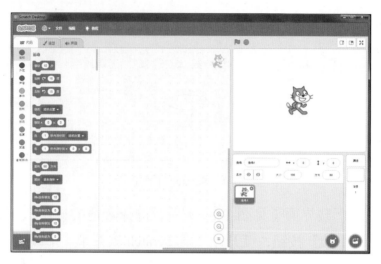

图 1-1-3　Scratch 界面

 设置成中文界面

菜单栏中有个小地球样子的图标，单击它，可以设置 Scratch 的语言环境，这里将语言设置为"简体中文"，如图 1-1-4 所示。

图 1-1-4　设置中文界面

不管是在线还是离线使用 Scratch，项目编辑器都是必不可少的工作平台。

探究1: Scratch 3.0 界面我知道

Scratch 是由麻省理工学院（MIT）米切尔·瑞斯尼克（Mitch Resnick）教授带领的终身幼儿园团队（Lifelong Kindergarten Group）开发的一款积木式少儿编程软件，传递了创造、探索和分享的设计理念。通过类似拖动"积木块"的方式，可以很容易地创造出有趣的动画、游戏，还可以结合 micro:bit、LEGO（乐高）等来进行互动开发。

 界面区域的功能

Scratch 3.0 的工作界面包括舞台区、角色区、编辑区、代码区等，如图 1-1-5 所示。

图 1-1-5　Scratch 3.0 工作界面

1. 舞台区

舞台区是编码效果的展示区域。默认情况下，角色是一只可爱帅气的小猫。舞台区左上角是程序启动按钮▶与终止按钮●，右上角是舞台大小调节按钮　。

2. 角色区

角色区是设置程序角色的区域，允许用户建立多个角色并分别控制。选中的角色四周用蓝色的方框表示，上方的参数栏用于设置角色的位置、显示情况、大小、方向等。

3. 编辑区

编辑区是编程最重要的区域。把模块命令拖到编辑区，并进行相应的组合，就可以实现编程。编辑区右上角显示的是当前正在编辑的角色。如图 1-1-6 所示为小猫行走的部分代码及效果。

图 1-1-6　小猫行走代码效果

4. 代码区

代码区列出了所有的模块命令（也称为积木），共 10 大类模块、100 多个模块命令。Scratch 就是通过组合代码区的各种模块命令来进行编程的。不同的模块命令，不但颜色不同，形状也不同。例如，凹凸造型（如 等待 1 秒 ）、椭圆形造型（如 ＿＋＿ ）和菱形造型（如 碰到 鼠标指针 ? ），这些可不仅仅是形状上有区别，更代表着使用方式不同。

例如，凹凸造型（如 等待 1 秒 ）的模块命令上凹下凸，暗示着多块模块命令可以上下卡在一起。而菱形和椭圆形造型只能嵌套到其他模块命令中使用。如将 将大小增加 10 和 在 1 和 10 之间取随机数 两个模块命令组合到一起，可以形成 将大小增加 在 1 和 10 之间取随机数 ，新模块命令的功能是随机增加角色大小，增加值为 1 ~ 10 中任意一个数。

小技巧

习惯上，将一块独立的积木称为一个模块命令，将多个模块命令卡在一起形成的整体称为脚本。让脚本运行的方法有以下两种：

（1）直接单击模块命令，常用于程序测试。

（2）单击▶按钮，常用于运行正式程序。

删除脚本的方法也有两种：右击脚本，在弹出的快捷菜单中选择"删除"命令；或直接将模块命令拖放到左侧代码区扔掉。

7

探究2： Scratch 3.0 角色的简单编辑功能

浏览不同颜色的模块命令，同学们会发现，Scratch 不仅仅是将编程以积木的形式进行了表现，更是将程序的内容进行了打包处理。因此，只需要根据模块命令的字面意思进行拼接，即可实现所需的功能。

试一试

新建一个文件，编辑完成图 1-1-6 中的程序，体会不同颜色模块命令的使用方法。并将程序命名为"行走的小猫 .sb3"，保存在电脑中。

试着分析一下，如何运行和结束程序？

在代码区的左下角有个"添加扩展"按钮，单击该按钮可以添加 Scratch 的扩展功能。

除了声音和画笔功能外，Scratch 3.0 中还增加了很多标准扩展功能，如强大的文字转语音功能、翻译功能等。例如，给出一段文本，系统可以使用男人、女人的声音朗读出来，很接近真人的语音表达。Scratch 3.0 还直接支持 micro:bit 电路板、LEGO EV3 和 LEGO VEDO 2.0 等硬件设备。

角色

我们都看过电影，里面有很多角色。在 Scratch 中，角色就是舞台中执行命令的主角，可以是人，也可以是动物或物体。同学们编写的程序，要通过角色来实现，如做出动作、发出声音、完成一项任务等。这就好比再好的剧本都需要演员来表演一样。Scratch 中默认的角色是一只可爱帅气的小猫。

　　Scratch 3.0 配有角色库，库里有 300 多个精彩的角色，同学们可以根据设计需要选择使用。单击角色区右下角的⬤按钮，在弹出的选项列表中可看到 4 种添加角色的方法，如图 1-1-7 所示。其中，单击🔍图标，可从角色库里选择一个角色加入到舞台中。

图 1-1-7　添加角色列表

试一试

　　打开"行走的小猫 .sb3"程序文件，体验运行中小猫的造型变化。

　　试着分析一下，通过✦和🔍添加角色有什么区别？

探究3： 玩 Scratch 小游戏，体验游戏规则制定的重要性

玩一玩

　　熟悉了 Scratch 3.0 工作界面后，在菜单栏中选择"文件"→"从电脑中上传"命令（见图 1-1-8），从文件夹中打开"猫捉老鼠 .sb3"游戏（界面如图 1-1-9 所示）。试着玩玩这个小游戏吧！

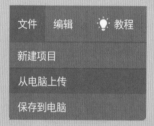

图 1-1-8　打开文件夹中的游戏脚本

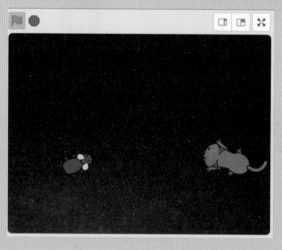

图 1-1-9　猫捉老鼠游戏

明确游戏规则

用鼠标控制老鼠,在舞台区域中随意移动。如果小猫捉到老鼠,则游戏结束, 如图 1-1-10 所示。

图 1-1-10　猫捉到老鼠游戏结束

议一议

玩玩其他游戏,体会游戏的操作规则。

议一议规则制定对于程序编写的重要性。

1. 接鸡蛋游戏和走迷宫游戏

先来体验下资源包中提供的趣味接鸡蛋游戏（见图 1-1-11）和走迷宫游戏（见图 1-1-12）吧！

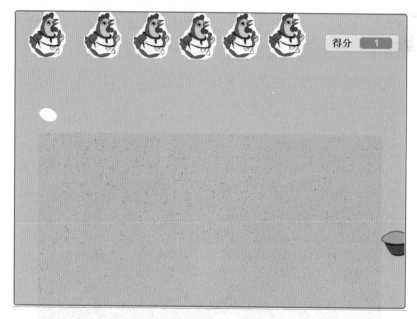

图 1-1-11　趣味接鸡蛋游戏

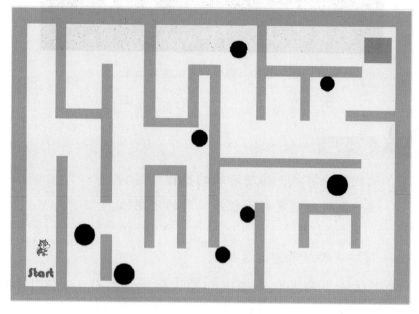

图 1-1-12　走迷宫游戏

2. Scratch 官网提供的小游戏

Scratch 的官方网站（https://scratch.mit.edu）中提供了很多小程序，如图 1-1-13 所示。同学们可以尝试打开，选自己喜欢的体验一下。

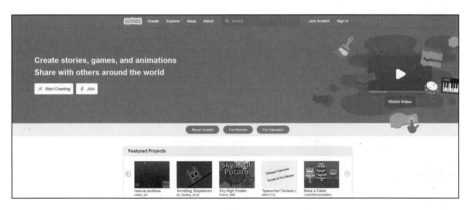

图 1-1-13　Scratch 网站

在这里还可以看到许多其他人分享的作品。同学们也可以将自己学习制作的作品上传到网站上进行分享。快去试一试吧！

小技巧

　　同学们都玩过很多游戏，但一定很少关注游戏是怎样被设计出来的。任何一个游戏，我们将其抽象、提炼之后，都能够归结为 3 个要素：游戏机制、游戏性和审美体验。

　　其中，游戏机制描述了游戏规则以及游戏内各角色的逻辑与规则。这是一个游戏最核心的部分，因此，制定游戏规则是我们设计游戏时最核心的点。

第2节 小猫快走

1. 了解造型的作用，掌握编辑角色的方法。

2. 学习用"移动""碰到边缘就反弹""下一个造型""将旋转方式设为""等待"等命令实现小猫快走的效果。

3. 尝试区分"重复执行"和"重复执行几次"的不同作用。

玩一玩

　　打开"小猫快走 .sb3"文件，单击▶按钮运行程序，游戏界面如图 1-2-1 所示。在设计简单的游戏前，我们先让小猫在舞台上走起来。

图 1-2-1　小猫快走

探究 1： 怎样让小猫走起来？

编辑小猫角色

双击桌面上的 图标，打开 Scratch 软件，默认的角色是一只可爱的小猫。单击选中角色区（见图 1-2-2）的小猫，同学们可以在参数栏中为小猫取个名字，可以调节小猫的大小、位置和运动方向，还可以让它出现或隐藏。

图 1-2-2　编辑小猫角色的参数

如果想使用新的角色，可单击小猫图标 右上角的垃圾框，将其删除。也可以右击小猫角色，在弹出的快捷菜单中选择"删除"命令。单击 图标，弹出的列表中提供了多种添加新角色的方法，可以根据需要选择使用。

 模块命令及功能

Scratch 3.0 提供了 10 大类模块、100 多个模块命令。这些模

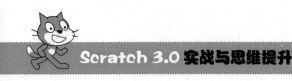

块以不同颜色来显示，以便于识别和区分。不同类型的模块命令（也称为积木）按一定逻辑组合成脚本，实现特定的功能，我们称之为 Scratch 编程。

要想让小猫走起来，我们首先要知道程序会用到模块中的哪些命令。如表 1-2-1 所示为小猫行走需要用到的模块命令及实现的功能。

表 1-2-1　小猫行走模块命令

序　号	所 在 模 块	命　　　令	实 现 功 能
1	事件模块 事件	当 ▶ 被点击	单击 ▶ 按钮，程序开始
2	运动模块 运动	移动 10 步	向前移动 10 步
3	控制模块 控制	重复执行	重复执行嵌入其中的模块命令
4	运动模块 运动	碰到边缘就反弹	角色碰到边缘后，反方向运动
5	运动模块 运动	将旋转方式设为 左右翻转 ▼	实现左右翻转的效果

 神奇的循环

学习生活中，同学们经常要做一些简单而又重复的事情。比如从家里走路上学，我们的步伐就是左 - 右 - 左 - 右的重复运动。在 Scratch 中，可以通过控制模块中的"重复执行"命令来实现循环操作。

尝试一下，把运动模块中的 移动 10 步 命令和控制模块中的

 命令拖到编辑区，组合在一起形成 ，就可以让小猫走起来。

第 1 章　用小项目学 Scratch 基础

 议一议

议一议图 1-2-3 中 3 种循环命令的效果有何不同？

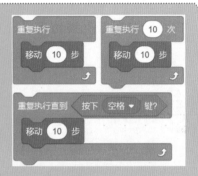

图 1-2-3　3 种循环命令

想一想

运行程序后会发现，小猫走到舞台边缘后，会停止不动。这时该怎么办呢？

可以用运动模块中的 碰到边缘就反弹 命令和 将旋转方式设为 左右翻转 ▼ 命令，使小猫在舞台上不停地来回走动。参考程序如图 1-2-4 所示。

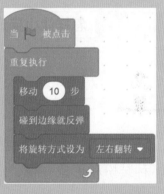

图 1-2-4　小猫走起来脚本

试一试

新建一个文件，找到对应的模块命令，并试着组合这些命令，让小猫行走起来。最后，将程序命名为"小猫快走 .sb3"，保存在电脑中。

17

如图 1-2-5 所示，试着分析一下，如何改变小猫的运动速度？

图 1-2-5　改变运动速度

 小技巧

使用角色区"方向"选项卡，也可以设置角色的左右翻转方式，此时程序脚本里可以不使用命令 将旋转方式设为 左右翻转▼ 。

探究 2：　怎样让小猫走得更自然？

角色的造型

造型就是角色外观的呈现方式。如同电影中一个角色可以有多种装扮和形象一样，Scratch 中一个角色也可以有一个或多个造型。根据设计需要，角色可以切换为不同造型，以表现角色的动作、状态变化等。Scratch 3.0 库里配有 300 多个精彩角色，很多角色都拥有多个造型。

在菜单栏中选择"文件"→"从电脑中上传"命令，找到并打开"小猫快走 .sb3"文件。选中角色区的小猫角色，单击窗口左上方的"造型"选项卡，切换到造型编辑器，可查看小猫的两种造型，如图 1-2-6 所示。

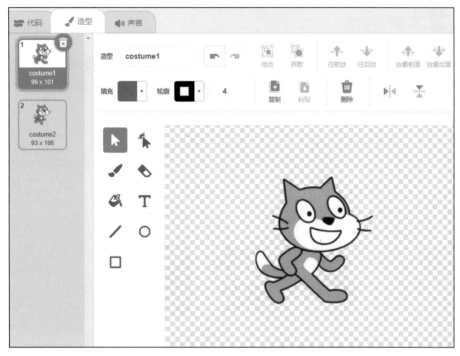

图 1-2-6 查看小猫的两种造型

小技巧

框选造型编辑器里的小猫,将它移到一边,会看到一个类似于准心的东西,这就是中心点,如图 1-2-7 所示。造型的中心点非常重要,决定着角色坐标的准确位置,同时也是角色旋转的中心和画笔的落笔点。

图 1-2-7 中心点

角色造型编辑器的工具箱里有很多工具,学过画图软件的同学们一定都不陌生。这些工具的功能,同学们可以自己探索一下。

19

试一试

打开小猫角色的造型编辑器，在默认的矢量图模式下，用鼠标将造型全部框选住并进行移动，使小猫的耳朵位于中心点处，然后编辑下面的脚本。

试着分析一下，此时小猫如何实现旋转？

可爱的小猫角色有两个造型（见图 1-2-8），同学们可以巧妙地利用这两个造型间的变化规律，让小猫走得更自然。

图 1-2-8　小猫的造型

 模块命令及功能

让小猫走动更自然用到的模块命令如表 1-2-2 所示。

表 1-2-2　小猫行走更自然模块命令

序　号	所在模块	命　令	实现功能
1	外观模块 外观	下一个造型	切换到下一个造型
2	控制模块 控制	等待 1 秒	等待 1 秒钟后，执行下一个命令

利用 外观 模块中的 下一个造型 命令，可不断切换小猫的两个造型；

通过 等待 1 秒 命令，可控制造型切换的时间间隔，让小猫走路看

20

起来更自然。参考脚本程序如图 1-2-9 所示。

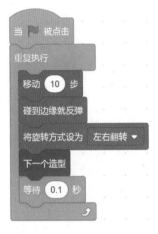

图 1-2-9 小猫快走脚本

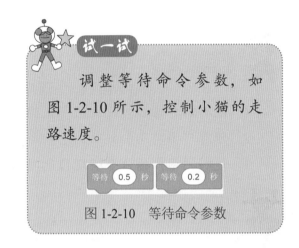

试一试

调整等待命令参数，如图 1-2-10 所示，控制小猫的走路速度。

图 1-2-10 等待命令参数

练一练 难度指数：★★☆☆☆

使用命令组合，编程实现让小猫在舞台上走走停停。

提示：尝试使用"重复执行"命令（ ）与"重复执行 10 次"命令（ ）来分别实现小猫快走，并仔细体会这两个命令间的区别。

小猫走走停停的脚本如图 1-2-11 所示。

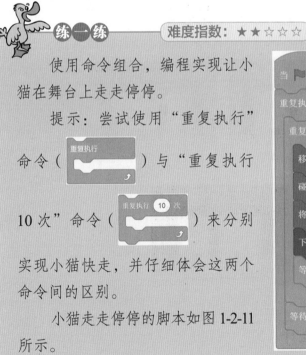

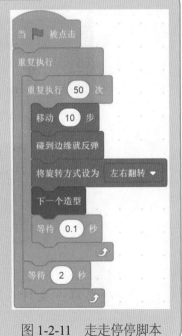

图 1-2-11 走走停停脚本

第3节 演出开始

学习目标

1. 能够添加舞台背景和角色，能够更换背景。
2. 理解广播消息和接收消息命令的作用和含义。
3. 能够利用广播命令实现角色间的互动。

玩一玩

打开"演出开始.sb3"文件。该程序可以实现演员依次登台表演的动画效果，如图1-3-1所示。

图 1-3-1 演出开始

程序思路：主持人第一个出场，然后是演员1和演员2出场表演。

 设计思路分析

　　演出，相信同学们都看过。比如学校元旦晚会，一般会有舞台灯光、主持人和多个演员。表演是一个接着一个，一个角色表演完，另一个角色才能出场。演出的流程示意如图 1-3-2 所示。

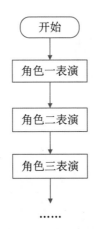

图 1-3-2　演出动画的流程示意图

　　思考一下，演员们该如何知道自己的表演顺序呢？

探究 1：　新建角色和添加舞台背景

　　通过分析可以发现，演出程序需要有 3 个角色：主持人、演员 1 和演员 2。除此之外，还需要一个舞台背景。这是我们编写程序前必须要明确的事情。

 操作提示

　　添加角色和舞台背景的操作方法如表 1-3-1 所示。

表 1-3-1　添加角色及舞台背景

序　号	操 作 方 法	实 现 功 能
1		添加角色
2		删除角色
3		添加背景

试一试

　　新建文件，添加 3 个角色，删除小猫角色，并选取一个合适的舞台背景。

　　试着调整好角色的位置和大小比例。

　　添加新角色 ，选择 人物 ，单击要添加的角色

。在小猫角色上右击，在弹出的快捷菜

单（ ）中选择"删除"命令；或直接单击 图标右上角

的垃圾筒，删除小猫。添加背景，选择 室内 ，单击

，即可添加背景。使用同样的方法，也可以更换背景。

角色舞台背景

　　如同电影、话剧中的场景，Scratch 中的舞台也需要设计一定造型，称之为背景。当角色出现时，背景是衬托在最底层的图像式场景。同学们可以给舞台添加一个或多个背景，以满足角色活动的需要。

　　背景的舞台缩略区紧挨着角色区。如图 1-3-3 所示，左侧为角色区，右侧即为背景的舞台缩略区。选中背景，单击菜单栏下的"背景"选项卡（ 代码　背景　声音 ），同学们会发现，背景和造型的编辑界面几乎完全一致，只有两点不同：背景不是透明的以及背景没有中心点。

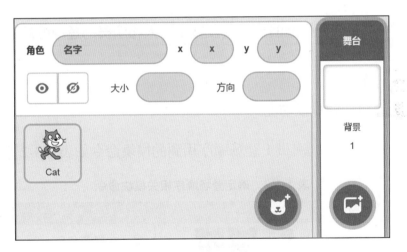

图 1-3-3　舞台缩略区

　　单击右下角的 图标，可以添加背景。Scratch 中提供了 4 种添加背景的方式，和添加角色相同。比较常用的是从 Scratch 背景库（见图 1-3-4）中选择一个背景进行添加。

图 1-3-4　添加背景

探究 2：　如何根据演出需要设置主持人和演员的登场顺序？

 模块命令及功能

设置主持人、演员 1 登场顺序用到的模块命令如表 1-3-2 所示。

表 1-3-2　确定登场顺序相关模块命令

序　号	所 在 模 块	命 　 令	实 现 功 能
1	外观模块　外观	显示　隐藏	显示或隐藏角色
2	事件模块　事件	广播　消息1 ▾ 当接收到　消息1 ▾	发送消息，接收消息
3	外观模块　外观	说　你好！　2 秒	编辑角色说的内容，并停留 2 秒

理解广播

在 Scratch 的消息机制里，角色间可以靠广播来传递消息。任何角色都可以广播消息（ 广播 消息1 ），一个消息可以被所有角色同时接收到（包括广播消息的那个角色）。使用 当接收到 消息1 命令，可以接收广播并触发其后程序段的运行。

分析角色行为

试一试

分析演员的出场顺序，确定角色间消息广播和接收的触发机制。

试着分析一下，角色何时需要出现或隐藏？

1. 主持人

主持人先显示（ 显示 ）出场，致欢迎词并报幕（ 欢迎大家观看今晚的晚会 2 秒 和 说 请欣赏下一个节目 2 秒 ），表演完发布广播（ 广播 消息1 ），然后隐藏退场（ 隐藏 ）。

2. 演员 1

演员 1 需要在接收到广播消息（ 当接收到 消息1 ）后才能出场表演，具体的表演内容由程序段来实现。参考程序段如图 1-3-5 所示。

表演结束后，演员 1 发出广播消息（ 广播 消息2 ▾ ），通知演员 2 登场，同时隐藏自己（ 隐藏 ）。

3. 演员 2

演员 2 接收到演员 1 的广播消息（ 当接收到 消息2 ▾ ）后，显示（ 显示 ）并出场表演，具体的表演内容由程序段来实现。参考程序段如图 1-3-6 所示。

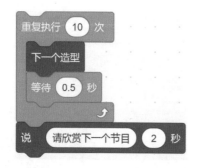

图 1-3-5　演员 1 表演内容程序段　　图 1-3-6　演员 2 表演内容程序段

3 个角色的完整参考程序如表 1-3-3 所示。

表 1-3-3　3 个角色的参考程序

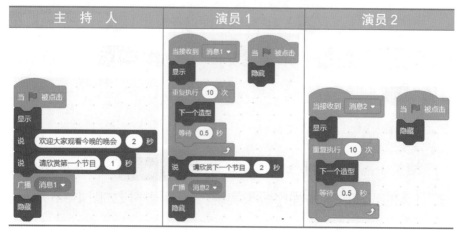

试一试

重新排列演员的出场顺序，每个演员演出后，主持人都要上台报幕。

试着分析一下，多个广播间该如何通过命名进行区分？

小技巧

在 Scratch 中，可以利用广播功能命令一个或多个角色执行事先设计好的脚本。

使用 `广播 消息1 ▼` 和 `广播 消息1 ▼ 并等待` 模块命令都可以发送需要广播的消息。与 `广播 消息1 ▼` 不同的是，`广播 消息1 ▼ 并等待` 模块命令要等接收广播的角色所设置的代码全部执行完毕后，才继续执行后续程序。

广播消息会发送给所有角色，当某个角色设定的消息名称参数（`当接收到 消息1 ▼`）与广播的消息名称相同时，才会执行接收命令下方的程序。

练一练　　难度指数：★★★☆☆

角色：小鱼，小海蜇。

故事情节：美丽的海底世界，小鱼遇见了小海蜇，于是有了一段有趣的对话……

首先，小鱼向小海蜇打招呼说出第一句话，说完等待 3

秒。小鱼说完后，我们要广播一个消息出去，告诉小海蜇小鱼说完了第一句话。选择事件模块，选择 命令，把新消息名称改为"打招呼"。小海蜇接收到广播后说话……等待 3 秒后，小鱼再说话……

你能根据场景描述，创设一个故事情景并用 Scratch 实现吗？

第 4 节 猫 捉 老 鼠

学 习 目 标

1. 知道命令中参数的调整和嵌套方法。

2. 能够使用命令嵌套鼠标的 X、Y 坐标，实现角色随鼠标移动的效果。

3. 学会将随机函数加入命令中，并初步感知随机函数的含义。

玩一玩

打开"猫捉老鼠 .sb3"文件，如图 1-4-1 所示。

游戏玩法：单击 按钮开始游戏，猫在舞台上随意行走，用鼠标控制老鼠的动作，躲避猫的抓捕。如果老鼠被猫抓到，则游戏结束。

图 1-4-1　猫捉老鼠游戏

设计思路分析

通过分析发现，游戏中共两个角色：猫和老鼠。游戏规则为：老鼠随鼠标移动，猫在舞台上随意移动，碰到老鼠则游戏结束。

猫、鼠在舞台上的移动规则示意如图 1-4-2 所示。

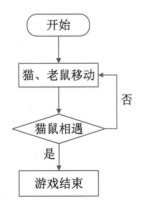

图 1-4-2　猫捉老鼠游戏规则

31

探究 1： **如何用鼠标控制老鼠移动？**

 模块命令及功能

用鼠标控制老鼠移动用到的模块命令如表 1-4-1 所示。

表 1-4-1　用鼠标控制老鼠移动用到的模块命令

序　号	所 在 模 块	命　　令	实 现 功 能
1	运动模块 运动	移到 x: 13 y: 26	让角色移动到指定位置
2	侦测模块 侦测	鼠标的x坐标 鼠标的y坐标	定位鼠标的当前 X、Y 坐标值

 认识坐标

小猫在舞台上的位置可以用坐标来表示。舞台中心的坐标是 (0,0)，水平为 X 轴，坐标范围 –240 ~ 240；垂直为 Y 轴，坐标范围 –180 ~ 180。任何一个位置都由其 X 坐标和 Y 坐标共同确定。

X 轴：中心点为 0。往右数值逐渐递增，最大值是 240；往左数值逐渐递减，用负数表示，最小值是 –240。

Y 轴：中心点为 0。向上数值逐渐递增，最大值是 180；向下数值逐渐递减，用负数表示，最小值是 –180。

如图 1-4-3 所示即为一个直角坐标系，其中 A 点的坐标为 (–100,100)。

每个角色（严格地说，是角色当前造型的中心点）都位于舞

台的某个坐标点，在舞台区拖动角色，角色区对应的坐标值也会随之动态变化。

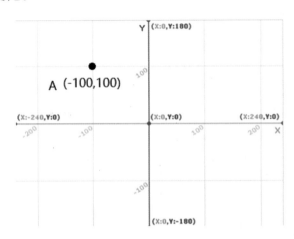

图1-4-3 平面直角坐标系

如何确定角色预期位置的坐标值?

我们可以使用坐标数据测试角色的坐标值，方法如下：

假使角色位于某个确定的坐标点，拖动角色到预期的位置上，这时角色下面的坐标值会随之发生改变（ ↔ x 116 ↕ y -49 ）。

代码区相关模块命令的坐标值也会随之改变（ 移到 x: 116 y: -49 ）。

这样，就很容易推算出角色预期位置的坐标值了。

要实现鼠标控制角色移动，可以这样理解：角色跟随当前鼠标的位置移动，也就是跟随鼠标的 X 坐标、Y 坐标移动。

将●模块的 移到x: 13 y: 26 命令和●模块的 鼠标的x坐标 鼠标的y坐标 命令拖放到脚本区，拖动参数 鼠标的x坐标 和 鼠标的y坐标 到 移到x: 13 y: 26 命令中，即可得到组合命令 移到x: 鼠标的x坐标 y: 鼠标的y坐标 ，重复执行该命令，即可实现老鼠跟随鼠标移动的效果。

老鼠角色的参考程序段如图 1-4-4 所示。

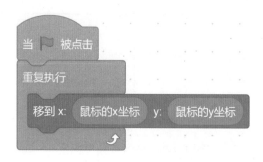

图 1-4-4　老鼠的参考程序段

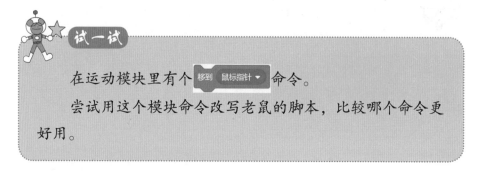

在运动模块里有个 移到 鼠标指针 ▼ 命令。

尝试用这个模块命令改写老鼠的脚本，比较哪个命令更好用。

探究2：　小猫在舞台上是如何移动的？

模块命令及功能

小猫在舞台上移动用到的模块命令如表 1-4-2 所示。

表 1-4-2 小猫移动模块命令

序 号	所在模块	命 令	实现功能
1	运动模块 运动	右转 C 15 度	实现转向
2	运算模块 运算	在 1 和 10 之间取随机数	在给定取值范围内随机产生一个数值

 理解随机数

在 Scratch 3.0 中，随机数命令用于产生一个指定范围内的数值。该数值无法人为指定，完全随机产生。使用运算模块里的 在 1 和 10 之间取随机数 命令可以生成随机数。随机数命令不能单独使用，只能嵌入其他模块命令中作为参数使用。

例如，将 y 坐标值随机增大 1 ～ 10 里的一个数值，模块命令应为 将y坐标增加 在 1 和 10 之间取随机数 。

游戏中，小猫角色可以在舞台上随意地移动。什么是随意呢？就是没有固定的方向、无规律地行走。利用 移动 10 步 和 右转 C 15 度 命令，可以让小猫转动起来。但要想随意转动一定角度，则要用到随机数了。将 运算 模块中的 在 1 和 10 之间取随机数 命令嵌入 移动 在 1 和 10 之间取随机数 步 和 右转 C 在 1 和 10 之间取随机数 度 命令之中，就可以让小猫无规律且没有固定方向地随意行走。

小猫角色随意行走的参考程序段如图 1-4-5 所示。

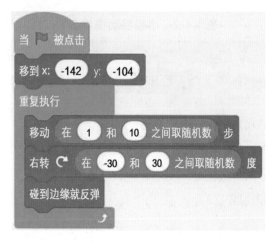

图 1-4-5　小猫随意行走参考程序段

试一试

为什么命令中嵌套的数值要限定在 −30 ~ 30 呢？试着改变一下该数值区域，细心观察运动的变化情况。

小技巧

Scratch 中，模块命令的参数凹槽共有 3 种形状：六边形（等待 ）、圆角矩形（说 你好！ ）和圆形（移动 10 步 ）。可充当参数嵌入其中的模块命令外观只有两种形状：六边形（按下鼠标? ）和圆角矩形（x坐标 ）。每种形状都和数据类型相关。由于很多圆角矩形的模块命令表示的都是数据类型，所以把它们拖动到数字凹槽中是没有问题的。

探究 3： 结束游戏的条件是什么？

 模块命令及功能

游戏结束用到的模块命令如表 1-4-3 所示。

表 1-4-3　游戏结束相关模块命令

序　　号	所在模块	命　　令	实 现 功 能
1	控制模块 控制	等待	等待条件满足，则执行后面的命令
2	侦测模块 侦测	碰到 鼠标指针 ▼ ？	当前角色是否碰到鼠标指针、角色等
3	控制模块 控制	停止 全部脚本 ▼	停止全部操作

根据游戏规则，猫抓到老鼠后，游戏结束。何为抓到？猫和老鼠角色相遇，就算抓到。什么样算结束？所有脚本停止运行。

在 ● 模块的 等待 ● 命令中嵌套 ● 模块的 碰到 鼠标指针 ▼ ？ 命令，并选择 Mouse1 角色（ 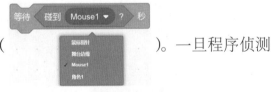 ）。一旦程序侦测到猫碰到老鼠，则所有脚本停止运行（ 停止 全部脚本 ▼ ）。

小猫的完整参考脚本如图 1-4-6 所示。

老鼠的完整参考脚本如图 1-4-7 所示。

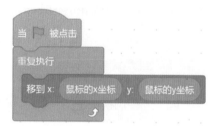

图 1-4-6　小猫的脚本　　　　　　　图 1-4-7　老鼠的脚本

练一练　　　难度指数：★★★☆☆

　　增加难度：让老鼠的移动和鼠标同步，控制起来比较容易。如果想让老鼠跟随鼠标移动，应该怎样设置呢？尝试一下，看看游戏的难度和趣味性是不是增加了许多！

　　参考脚本如图 1-4-8 所示。

　　怎样实现小猫一边捉老鼠，一边说话呢？有兴趣的同学可以试一试！

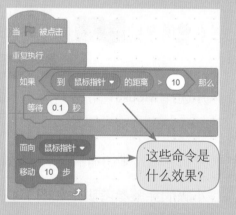

图 1-4-8　老鼠跟随鼠标移动参考脚本

参考脚本如图 1-4-9 所示。

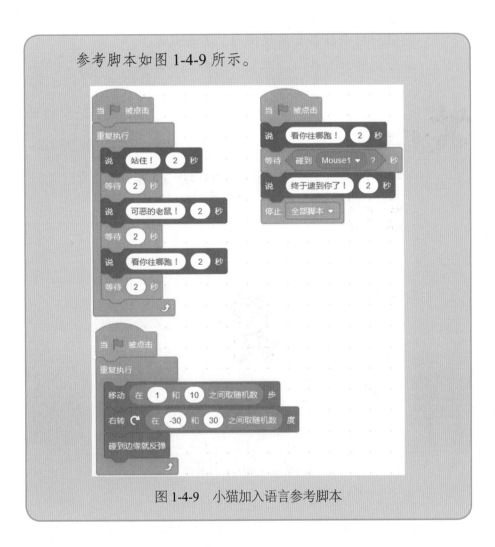

图 1-4-9 小猫加入语言参考脚本

第5节 加法练习

1. 了解变量和数据，学会使用变量存储数据。

2. 能够利用多层嵌套实现出题、答题效果。

3. 初步理解"如果……那么……否则"命令。

 玩一玩

打开"加法练习 .sb3"文件，如图 1-5-1 所示。

图 1-5-1　加法练习游戏

　　游戏玩法：对舞台左上角出示的两个数字做加法运算，并在回答框中输入答案；答案正确，小猫回答"对！"；答案错误，小猫回答"错！"。

设计思路分析

　　通过试玩游戏，我们发现，游戏中只有一个默认角色。游戏

40

规则主要体现在 3 个方面。

（1）随机产生两个数字，作为加数。

（2）玩家将两个数字相加，并将计算结果输入回答框中。

（3）程序判断玩家的回答和正确结果是否一致。如果一致，提示做对了，否则提示做错了。

程序运行时的流程示意如图 1-5-2 所示。

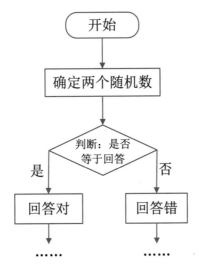

图 1-5-2 "加法练习"游戏流程示意图

 探究 1：　如何随机获取并保存两个加数？

模块命令及功能

保存加数用到的模块命令如表 1-5-1 所示。

Scratch 3.0 实战与思维提升

表 1-5-1　保存加数相关模块命令

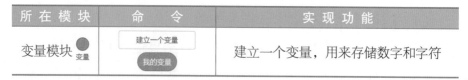

所 在 模 块	命　令	实 现 功 能
变量模块	建立一个变量　　我的变量	建立一个变量，用来存储数字和字符

 认识变量

日常生活和学习中，我们经常接触到的数据多是一种描述事物的符号记录，是信息的载体，如同学们体检的各项指标数据等。计算机科学中，数据是计算机能够识别、存储和加工的对象。而变量就像一种容器，用来存储各种数据。它是被命名的计算机内存区域，变量名就是这块区域的名称。向这块区域中写入数据，或从这块区域中读出数据，就是访问变量的两个最基本操作。

要想随机生成加数，可以利用随机数模块 `在 1 和 100 之间取随机数`，生成两个 100 以内的加数。因为这里需要进行运算，因此还需要将这两个加数存储到变量中。

选择 `变量` 模块中的 `建立一个变量` 命令，在弹出的对话框中设置变量类型为 `◉适用于所有角色`，并在 `新变量名：[　　　　]` 中将变量名字设置为 "加数 1"。此时，功能区中将会出现 `加数1` 模块命令。用同样的方法，生成 `加数2` 模块命令。

选择 `运算` 模块中的 `在 1 和 10 之间取随机数` 命令，将两个参数修改为 1 和 100。随后，将 `在 1 和 100 之间取随机数` 分别嵌套进 `变量` 模块的 `将 加数1 ▾ 设为 0` 和 `将 加数2 ▾ 设为 0` 命令中，得到 `将 加数1 ▾ 设为 在 1 和 100 之间取随机数` 和 `将 加数2 ▾ 设为 在 1 和 100 之间取随机数`。至此，我们已将两个随机数字

42

作为加数，存储到了两个不同的变量中。

参考脚本和新建变量如图 1-5-3 所示。

图 1-5-3 生成随机数脚本

试一试

在新建变量命令时，尽量让变量名起得有意义。比如，看到"加数1"的变量，就知道是和加数相关的。

试着单击"加数1"和"加数2"前面的 ☑，体验选中复选框和取消选中复选框的区别。

小提示

新建变量时，对话框下面有两个选项，分别是"适用于所有角色"和"仅适用于当前角色"，如图 1-5-4 所示。通常，我们称前者为全局变量，所有角色都可以访问它；称后者为局部变量，只能在当前角色里访问它。图 1-5-4 全局变量和局部变量

43

探究 2: 如何进行提问和回答？

模块命令及功能

小猫提问与玩家回答的相关模块命令及功能如表 1-5-2 所示。

表 1-5-2　提问与回答相关模块命令

序　号	所在模块	命　　令	实现功能
1	侦测模块 侦测	询问 what's your name ? 并等待	使角色提出一个问题，并在舞台上呈现一个输入框，用户可以在框中输入内容
2	侦测模块 侦测	回答	临时存储用户对问题的回答。如果通过"询问……并等待"模块提出多个问题，此模块中只存储最后一个问题的回答

选择 模块中的 询问 what's your name ? 并等待 命令，将参数修改为"两个数相加得多少？"。游戏中，玩家可以将自己的答案填写在 中，并单击 图标或按 Enter 键提交答案。玩家的回答会被临时存放在 模块的 回答 命令中。

小猫提问的参考脚本如图 1-5-5 所示。

图 1-5-5　参考脚本

探究3: 如何判断玩家的回答是否正确?

模块命令及功能

对玩家回答的数据进行判断的模块命令及功能如表 1-5-3 所示。

表 1-5-3 回答判断相关模块命令

序 号	所 在 模 块	命 令	实 现 功 能
1	控制模块 控制	如果 那么 否则	如果判断条件为真,执行"如果"内部的命令;如果判断条件为假,执行"否则"内部的命令
2	运算模块 运算	( ) = 50	进行"等于"运算比较,如果两个数相等,则条件为真
3	运算模块 运算	( ) + ( )	进行加法运算

让逻辑做决定

同学们,你是不是每天都要做出很多决定? Scratch 3.0 运算模块中的"如果……那么"命令 和"如果……那么……否则"命令 也可以根据不同条件做出不同决定,从而控制程序的行为走向。也就是说,程序的行为取决于条件是否满足,这便是用逻辑做决定的意义。

如何比较两个数的大小？如何判断所给表达式的真假？这就要用到运算模块中的关系操作符命令，如图1-5-6所示。

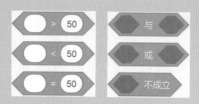

图1-5-6 关系操作符

试一试

要判断回答是否正确，需要利用"加法"和"等于"运算进行条件判断。当回答等于两数之和，则提示回答对，否则提示回答错。

试着分析一下，如何确定判断表达式？

判断标准：在运算模块库中选择 ⬭ + ⬭ 命令，将"加数1"和"加数2"分别嵌入其中（ 加数1 + 加数2 ），再嵌套在 ⬭ = ⬭ 命令的等号左侧。将侦测模块库中的 回答 嵌套在等号右侧，实现 加数1 + 加数2 = 回答 ，然后整体嵌套在分支条件中。条件成立，小猫说"对"；条件不成立，小猫说"错"（）。

46

参考脚本程序如图 1-5-7
所示。

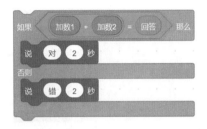

图 1-5-7　回答判断参考程序段

运算模块中的数字和逻辑

运算模块中，主要包含数学运算符、比较运算符、逻辑运算符等基本运算符（见图 1-5-8），一些字符串处理命令以及一些特殊的算术运算符。

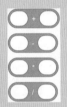　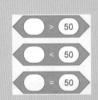　

（1）数学运算符　（2）比较运算符　（3）逻辑运算符

图 1-5-8　常见运算符

逻辑运算符中，当"与"的两侧都为真时，结果为真，否则为假；当"或"的两侧有一个为真时，结果就为真；"不成立"中当条件为假时，结果为真。

　难度指数：★★★☆☆

同学们，我们一起来完成加法练习游戏的程序设计吧。首先来看一下如图 1-5-9 所示的代码。

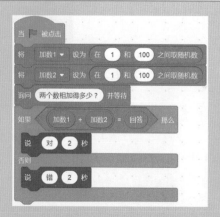

图 1-5-9　加法练习脚本

　　以上脚本运行一次，只能做 1 道题。同学们可以使用循环嵌套的方法实现一次做 10 道题，并使用变量记录做对的题数。参考代码如图 1-5-10 所示。

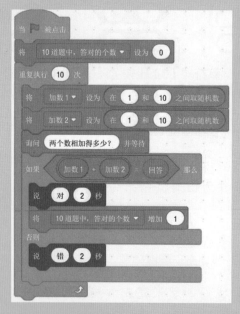

图 1-5-10　可统计答对次数的加法练习脚本

小 提 示

"将变量设为"和"将变量增加"命令的区别

利用变量可以统计玩家答对的题数。首先，需要建立一个变量 10道题中，答对的个数 ，并将 将 10道题中，答对的个数 ▼ 增加 1 命令嵌套到 说 对 2 秒 命令下。如果玩家答对了，不仅要给出答对提示，还需要将答对题数这个变量数值加 1。每答对一次，变量值加 1 一次，最终即可累计出答对的总题数。

每次单击 ▶ 重新开始游戏时，需要将答对题数归零，所以要使用到 将 10道题中，答对的个数 ▼ 设为 0 命令。

"将变量增加""将变量设为"这两个命令是有区别的。"将变量增加"命令每执行一次，就增加（设为正数）或减少（设为负数）一定的数量，数值是根据执行的次数变换的。"将变量设为"命令，其数值是不变的。例如，开始时需要归零，就必须要设定为 0。

第 6 节　青春小馆点餐系统

1. 能够从外部导入角色等资源，能够快速复制角色脚本。

2. 了解列表的功能和用法。

3. 能够利用变量和列表设计实现点餐效果。

打开"点餐应用.sb3"文件,如图 1-6-1 所示。

图 1-6-1　青春小馆点餐系统

游戏玩法:单击菜品图片,会将菜名添加到左侧"账单"列表中,同时上方"合计"框中将计算出多个菜品的累计价格;单击▄按钮,可清空"账单"列表中的所有菜品信息,同时"合计"金额也恢复为 0。

同学们,电子点餐很方便吧! 可该怎么实现它呢?

 设计思路分析

菜单要有菜名、菜品图片、单价等基础信息。单击菜品,菜

50

品名称需要加入"账单"列表中，菜品单价要累加到价格中，显示出合计总价，以提示食客透明消费，快捷就餐。

点餐系统的流程示意如图 1-6-2 所示。

探究 1：素材准备和界面设计

同学们经常到餐厅点餐吃饭，也经常在网上点外卖。能否回忆一下，我们看到的餐单（见图 1-6-3）通常包含哪些基本信息呢？

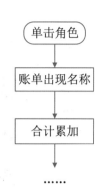

图 1-6-2　点餐系统流程示意图

京烧羊肉

孜然味　羊肉　泡菜

月售166 赞5 网友推荐

¥66 ¥88

7.5折 限1份

上汤鲜菌烩虾滑（位）

咸鲜　丝瓜　杏鲍菇　白玉菇

月售230 赞5

¥22

图 1-6-3　网上点餐菜单

 获得图片素材

Scratch 素材库中没有点餐系统所需要的角色素材，因此我们需要在编程前自行下载好图片素材，并存放到文件夹中，然后单击角色区的 图标，通过"上传角色"命令将菜品图片上传到素材库中。上传后，文件名会自动转换为角色名称，如图 1-6-4 所示。

图 1-6-4　上传菜品素材图片

小提示

　　人们一般会到百度上去查找和下载所需图片。但这些下载的图片通常会比较模糊，导致做出来的作品质量也大打折扣。该如何下载一张高清的图片呢？

　　其实很简单，只需要在搜索结果页面上方的"全部尺寸"列表中选择"大尺寸"即可。

设计菜单界面

　　菜单包含图片、菜名和单价。首先，添加所有角色，导入图片角色，调整合适的大小和位置后，选择图片角色造型的矢量图模式。Scratch 3.0 支持中文输入方式，可以直接输入菜名和报价，如图 1-6-5 所示。背景使用纯白色，既简洁又清新。选择背景的矢量图模式，并给饭馆取名为"青春小馆"。

图 1-6-5　编辑菜名和报价

　小技巧

注意图片的尺寸。Scratch 的分辨率为 480×360，因此使用 960×720 或 480×360 分辨率的图片当背景图是比较合适的。

尽量使用大色块和矢量图。使用大色块、纯色图来制作内容，画面会看上去清爽、简洁，制作起来也简单。矢量图的优点是放大、缩小、旋转等都不会失真，缺点是难以表现色彩层次丰富的逼真效果。

探究2： 设置菜品的单价，被选中后进行合计累加

模块命令及功能

累计菜品单价的相关模块命令如表 1-6-1 所示。

表 1-6-1　累计菜品单价的相关模块命令及功能

序　号	所在模块	命　令	实现功能
1	变量模块 ● 变量	将 合计▾ 增加 1	增加变量值
2	事件模块 ● 事件	当角色被点击	单击指定角色后，运行后面的命令模块

新建一个变量"合计"，顾客单击▶按钮后，"合计"变量的值被重置为 0，参考脚本如图 1-6-6 所示。

图 1-6-6　新建变量"合计"

选中一个角色，如清炒时蔬，将事件模块的 当角色被点击 命令和变量模块的 将 合计▾ 增加 16 命令组合在一起，将变量增加值设置为清炒时蔬的价格 16，就实现了计价功能。

试一试

　　要想将"合计"变量中的菜品单价进行累加，需要增加"合计"的数值。

　　试着比较增加数值和设定数值的区别。

探究 3： 将菜品名称添加到账单中

模块命令及功能

添加菜品名称用到的模块命令及其功能如图 1-6-2 所示。

表 1-6-2　添加菜品名称相关模块命令功能

序　号	所 在 模 块	命　　令	实 现 功 能
1	变量模块 变量	建立一个列表	新建一个列表
2	变量模块 变量	将 东西 加入 账单	添加指定项到列表尾部

列表

列表是变量的一种，是具有同一名字的一组变量。新建列表时，无须关注列表里元素的数量，使用列表的系列命令积木，可以动态地添加和删除元素，也可以方便地导入导出数据。

在变量模块库中，选择"建立一个列表"命令（ 建立一个列表 ），命名为"账单"，选中"适用于所有角色"单选按钮（ ●适用于所有角色 ），选择

将 东西 加入 账单 ，并修改名称为"清炒时蔬"，参考脚本程序如图 1-6-7 所示。用同样的方法，将其他菜品添加到账单中。

图 1-6-7　清炒时蔬参考脚本

 试一试

试着将所有菜品名称添加到账单中。

小提示

快速复制脚本的小秘籍：将宫保鸡丁的脚本拖动到其他角色上，修改菜品名称和单价，即可快速复制出其他菜品的脚本，如图 1-6-8 所示。

图 1-6-8　快速复制脚本

探究 4：　清空列表，重置合计金额为 0

用户结算完毕后，需要将账单中的菜品名称清空，使合计金额归零。

模块命令及功能

清空账单和重置合计金额的相关模块命令如表 1-6-3 所示。

表 1-6-3   清空账单相关模块命令

序　号	所 在 模 块	命 　 令	实 现 功 能
1	变量模块	删除 账单 ▼ 的第 all 项	删除一个列表及相关模块
2	变量模块	将 合计 ▼ 设为 0	设定变量的值

任选一个角色，如清炒时蔬，添加"当▐被点击"命令，将变量模块中的 删除 账单 ▼ 的第 all 项 命令和 将 合计 ▼ 设为 0 命令进行组合，如图 1-6-9 所示。

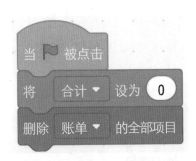

图 1-6-9   清炒时蔬的脚本片段

小提示

变量只要被赋值了，就会一直存在。哪怕关掉 Scratch 后再进来，变量依然还是上次的那个值，直到系统重新赋予它一个新的值。正因为此，通常情况下都需要对变量进行初始化，比如单击▐之后重置"合计"变量为 0。这样，每次新开始游戏时"合计"数值都会是 0，而不是上次游戏时的值。

Scratch 3.0 **实战与思维提升**

 练一练　　　难度指数：★★★★☆

编写程序，实现青春小馆点餐系统。

也可以为自己的创业小馆取个名字，完成菜单系统的制作。

设计要求：界面美观，菜品丰富，价钱合理；点餐操作简单，有明细。

操作要求：单击菜品图片，"账单"列表中会显示菜名，"合计"框中会累计菜品价格；单击▶按钮，会清空账单中的所有菜品信息，同时"合计"金额恢复为0。

其中，清炒时蔬的参考脚本程序如图1-6-10所示，宫保鸡丁的参考脚本程序如图1-6-11所示。

图1-6-10　清炒时蔬的参考脚本程序

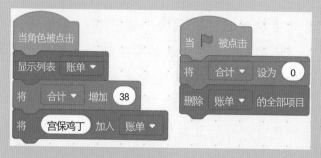

图1-6-11　宫保鸡丁的参考脚本程序

58

同学们看出什么规律来了吗？是的，这些菜品角色的程序都是相似的，差别只是菜名和单价不同。

第7节 神奇的画笔

1. 认识画笔模块中的命令，理解抬笔、落笔的作用。
2. 学会利用方向键控制角色移动。
3. 能够记录角色的运动轨迹，能计算出行走的距离。
4. 能够利用重复命令绘制正方形和花朵。

玩一玩

打开"神奇的画笔.sb3"文件，如图 1-7-1 所示。

游戏规则：单击 🚩 按钮开始游戏，利用方向键可控制小瓢虫移动，并画出小瓢虫的运动轨迹（最好能计算出行走的距离）。

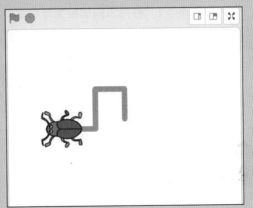

图 1-7-1 神奇的画笔

设计思路分析

　　首先将方向键与小瓢虫的运动方向做好关联，然后就可以使用方向键控制小瓢虫移动，并使用画笔跟随运动画线。

　　例如，按向上方向键↑，小瓢虫向上移动，流程示意如图 1-7-2 所示。

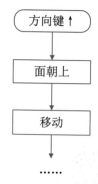

图 1-7-2　小瓢虫运动流程示意图

探究 1：　利用方向键控制小瓢虫移动

 模块命令及功能

　　利用方向键可控制瓢虫的移动方向，相关模块命令如图 1-7-1 所示。

表 1-7-1　利用方向键控制瓢虫移动相关模块命令及功能

序　号	所 在 模 块	命　　令	实 现 功 能
1	事件模块 事件	当按下 空格 键	通过按键来执行程序
2	运动模块 运动	面向 0 方向	改变角色的运动方向

 Scratch 中的方向

　　Scratch 中，单击"面向（90）方向"模块命令中的输入框，下方会出现一个带有刻度的圆盘，如图 1-7-3 所示。通过这个圆盘，可以调整角色的运动方向。

图 1-7-3　Scratch 方向坐标

需要注意的是，Scratch 中的方向和数学平面直角坐标系中的方向有很大不同。

学习过数学象限及三角函数的同学们都知道，平面直角坐标系中，向右是 0 度，向上是 90 度，向左是 180 度，向下是 270 度，如图 1-7-4 所示。也就是说，角度是沿逆时针方向增加的。

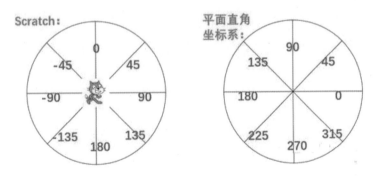

图 1-7-4　Scratch 和数学平面坐标系中的方向

Scratch 中的角度体系是什么样的？从图 1-7-4 中可以看到，0 度表示向上，90 度表示向右，-90 度表示向左，180 度表示向下，即角度是沿顺时针方向增加的。

下面试着利用方向键来控制小瓢虫的移动。例如，按下方向键↑，调整小瓢虫的运动方向为向上，并移动 10 步。"向上"意味着需要面向 0 度的方向移动，使用 面向 0 方向 就可以使小瓢虫向上移动。向上移动 10 步的参考脚本如图 1-7-5 所示。

图 1-7-5　向上移动 10 步

 试一试

利用同样的方法，可设置其他方向键，只需改变"面向"命令中的参数值即可。

试着设置小瓢虫向下、向右和向左运动的控制键。

探究 2：添加画笔工具，设置画笔的颜色和粗细

使用计算机画画之前要做一些思考，比如画笔工具在哪里，画笔的粗细、颜色、起始位置应如何设置等。

模块命令及功能

绘制小瓢虫运动轨迹的相关模块命令如表 1-7-2 所示。

表 1-7-2 绘制瓢虫运动轨迹相关模块命令及功能

序 号	所在模块	命 令	实现功能
1	画笔模块 画笔	落笔	设置落笔开始绘制
2	画笔模块 画笔	抬笔	设置抬笔停止绘制
3	画笔模块 画笔	全部擦除	清除画笔在舞台上绘制的所有内容
4	画笔模块 画笔	将笔的颜色设为	设定画笔绘制时的颜色
5	画笔模块 画笔	将笔的粗细增加 1	设定画笔粗细

 画笔模块

Scratch 3.0 中,画笔工具可通过"添加扩展"按钮 添加,如图 1-7-6 所示。

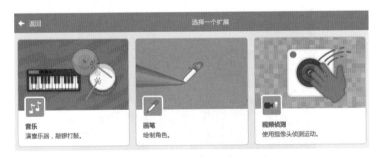

图 1-7-6 扩展中的画笔模块

展开画笔模块,我们可以看到 9 个模块命令(见图 1-7-7),包括:实现图形绘制所必需的动作命令(落笔、抬笔);画笔颜色的设置命令(设定颜色,改变颜色);画线粗细的设置命令(设定粗细,改变粗细)。如果想快速复制多个图形,画笔提供的"图章"命令可以帮您完成。如果对绘制的图形不满意,"全部删除"命令可以清除舞台区正在绘制的所有图形。

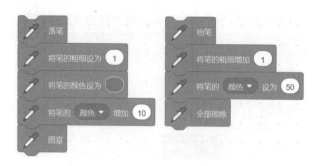

图 1-7-7　画笔模块中的命令

给小瓢虫设置初始位置（移到 x: 0 y: 0）后，落笔命令（落笔）会启动画笔绘画状态。为了让绘画更清晰，需要设置画笔的颜色（将笔的 颜色 设为 30）和粗细（将笔的粗细设为 10），并清除舞台上的所有痕迹（全部擦除）。最后，通过移动命令（移动 10 步）和方向键控制画笔的走向，即可完成一幅美丽的图形。参考脚本如图 1-7-8 所示。

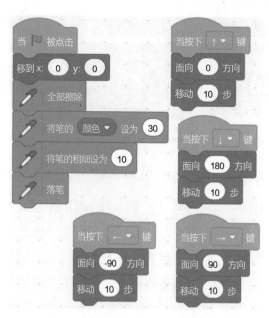

图 1-7-8　小瓢虫行踪脚本

试一试

学过画图的同学对画笔颜色、粗细的设置应该不陌生。试着改变参数值，画出不同颜色和粗细的线条。

曼哈顿距离和欧式距离

曼哈顿距离，就是两个点在标准坐标系上的绝对轴距之和。欧式距离，就是两个点之间的直线距离。如图1-7-9所示，红线代表曼哈顿距离，绿线代表欧氏距离，蓝线和黄线代表等价的曼哈顿距离。

顾名思义，曼哈顿距离就是两点在南北方向上的距离与两点在东西方向上的距离之和，其计算公式为 $d(i, j)=|x_i-x_j|+|y_i-y_j|$。

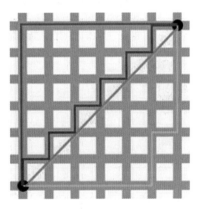

图 1-7-9　曼哈顿距离和欧式距离

Scratch 中，通过"到 xx 的距离"命令 到 鼠标指针 ▾ 的距离 可直接得到两个角色之间的距离。该距离表示两个角色之间的直线距离，也就是欧式距离。

如何计算两个角色间的曼哈顿距离呢？根据公式 $d(i, j)=|x_i-x_j|+|y_i-y_j|$，只需要知道两个角色的坐标即可。

例如，计算蝴蝶到小猫的欧式距离和曼哈顿距离，参考脚本如图1-7-10所示。

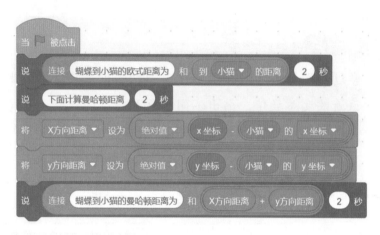

图 1-7-10　蝴蝶到小猫的曼哈顿距离和欧式距离

练一练　　难度指数：★★★★☆

单击 ▶ 按钮开始后，利用方向键控制小瓢虫移动，画出小瓢虫的运动轨迹，并计算出瓢虫行走的距离。

探究3：绘制规则图形——正方形和花朵

生活中的物品都有一定形状。例如，家里的门窗大都是长方形的，水杯的口径大多是圆形的。这些图形常被称作规则的几何图形，其角度和边数有一定规律可循。

在绘制正多边形或多瓣花朵之前，一定要分析出图形边数和转角的关系，然后利用重复执行、移动和转向命令完成作品创作。

不妨这样理解：一个封闭图形，360 度为旋转一周，所以，正三角形有 3 条边，转角为 120 度，重复执行 3 次可完成；正六方形有 6 条边，转角为 60 度，重复执行 6 次可完成……

可以得出一个结论：旋转的角度等于"360/边数"度。花朵如果以花瓣为基本单位，则旋转的角度为"360/花瓣数目"度。

 **画正方形**

正方形有 4 条相等的边，假定边长为 150，落笔后通过 移动 150 步 命令即可画出一条边。封闭图形按 360 度旋转一周理解，正方形有 4 条边，转角为 360 度 /4=90 度，重复执行 4 次，即可循环画出 4 条线段。使用 等待 1 秒 命令可以让线条有画出的效果，参考脚本如图 1-7-11 所示。

图 1-7-11　正方形参考脚本

 试一试

你能帮助小瓢虫画出等边三角形、正五边形的运动轨迹吗？

画五瓣花朵

通过画正方形，我们已经理解了多边形边数和角度的关系。画一朵五瓣花朵，只要将花瓣循环 5 次，每次转角 360/5=72 度即可。

问题的关键就出现了：该如何画出第一个花瓣来呢？

方法一：画个三角形当作花瓣，然后通过嵌入式循环画出五瓣花，如图 1-7-12 和图 1-7-13 所示。

图 1-7-12　画出一个花瓣

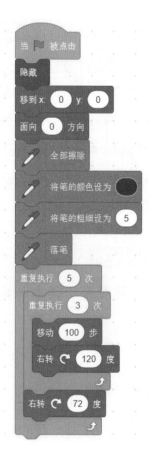

图 1-7-13　画出所有花瓣

方法二：绘制一个花瓣角色，如图 1-7-14 所示，将中心点调至花瓣右侧，使用图章命令 循环复制花瓣，完成五瓣花的创作。

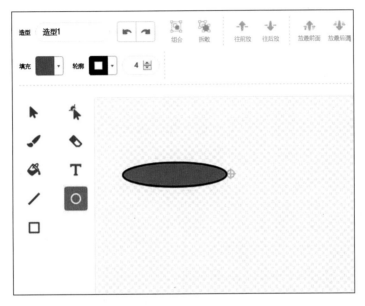

图 1-7-14 绘制一个花瓣

绘制五瓣花的参考脚本如图 1-7-15 所示。

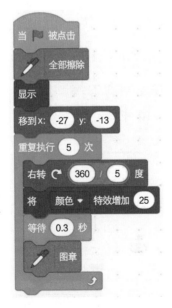

图 1-7-15 绘制五瓣花朵

69

小 提 示

你发现正多边形绘制时，转角与边数之间的关系了吗？

如表 1-7-3 所示，可以总结出画正 N 边形的方法，只需要重复执行 N 次"移动一定步数，转角度数设定为 360/N 度就可以了。绘制时，要注意控制移动步数，不要画到舞台外面。

表 1-7-3　正多边形边数与转角度数的关系

正多边形类型	边　　数	转　角　度　数	边数×角度
正三角形	3	120	360
正方形	4	90	360
正五边形	5	72	360
正六边形	6	60	360
…	…	…	…
正 N 边形	N	360/N	360

练一练　　难度指数：★★★★☆

聪明的宝宝刚学会前面的绘画技能，要在妈妈面前显示一下。请根据图 1-7-16 中描述的场景，实现程序设计。

图 1-7-16　"宝宝晒画"游戏

为了增加舞台角色的生动性，可以尝试使用  来增强角色出场时的动态效果。

第8节 快到碗里来

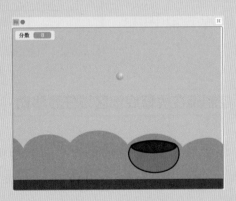

学习目标

1. 了解克隆的概念，理解克隆命令的功能和使用技巧。
2. 能够运用克隆和随机命令实现小球源源不断下落的效果。
3. 体会游戏设计的思路流程。

玩一玩

打开"接小球.sb3"文件，如图 1-8-1 所示。

图 1-8-1 快到碗里来

游戏玩法：用鼠标控制碗，进行左右移动，接住从上方掉下来的小球。试一试，看谁接住的小球数量最多！

 设计思路分析

在这个游戏中，存在小球和碗两个不同的角色。玩家通过鼠标，控制碗在屏幕上左右移动；小球从屏幕顶端的某个随机位置源源不断地落下。

如果被碗接到，则小球消失，玩家分数加 1；如果没有被碗接到，当小球掉落到屏幕最下方时消失，玩家不加分。每隔一段时间后，屏幕上方会落下一个新的小球，玩家需要不断移动碗，尽可能多地接住小球。

本游戏的流程设计图如图 1-8-2 所示。

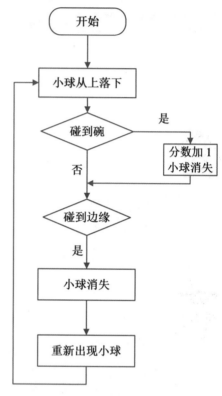

图 1-8-2 "快到碗里来"流程示意图

探究 1： 鼠标控制碗在屏幕底部区域任意移动

要想用鼠标控制碗在屏幕底部移动，需要将碗的坐标与鼠标的坐标进行同步。需要注意的是，碗的活动区域是固定在底部的，也就是说，角色的 Y 坐标数值可以取某个固定的值（假定 Y 取值 -100）。设计时，只需要保证其 X 坐标与鼠标的 X 坐标同步即可。

角色素材准备

1. 舞台背景

从素材库中选择载入。

2. 碗角色

碗角色 可以从 Scratch 素材库中直接加入。

出现方式：舞台底部。

运动规则：跟随鼠标在底部随意移动。

参考脚本如图 1-8-3 所示。

图 1-8-3 碗的参考脚本

3. 小球角色

小球角色 可以从 Scratch 素材库中直接加入。

出现方式：在舞台顶部随机出现（N 个）。

运动规则：随机下落，遇到碗或舞台边缘消失。

解构游戏时，我们发现，该游戏只有小球和碗两个角色。那么，一个小球角色是如何实现源源不断的小球下落效果的呢？

探究 2：　神奇的克隆技术

 模块命令及功能

克隆小球所要用到的模块命令及功能如表 1-8-1 所示。

表 1-8-1　克隆小球相关模块命令及功能

序　号	所 在 模 块	命　令	实 现 功 能
1	控制模块 控制	克隆 自己 ▼	创建一个克隆体
2	控制模块 控制	当作为克隆体启动时	控制克隆体执行某些操作
3	控制模块 控制	删除此克隆体	将不需要的克隆体删除

 理解克隆

克隆（Clone），广义上是指利用技术产生与原个体有完全相同基因组织后代的过程。在 Scratch 中，"克隆"模块可以基于某一个角色（本体）在舞台中复制出一模一样的克隆体。顾名思义，就是将角色生成多个相同的角色，克隆体会继承原角色的所有状态，包括当前位置、方向、造型、效果属性等。

Scratch 3.0 中，包含 3 个"克隆"命令，如图 1-8-4 所示。

图 1-8-4　克隆的 3 个模块命令

74

新建一个项目，默认使用小猫角色，编辑运行脚本，如图 1-8-5 所示。

试着分析一下，克隆出的 5 个小猫都跑到哪里去了？

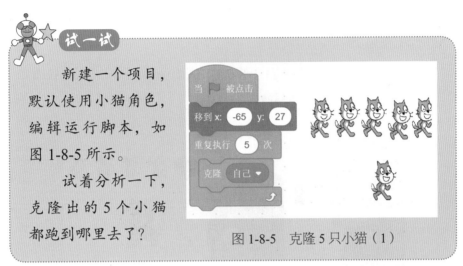

图 1-8-5　克隆 5 只小猫（1）

探究发现，原来 5 只小猫的克隆体和小猫的本体重叠在一起了。改进脚本（见图 1-8-6），可以发现，本体和克隆体的大小、形状包括特征参数都相同。

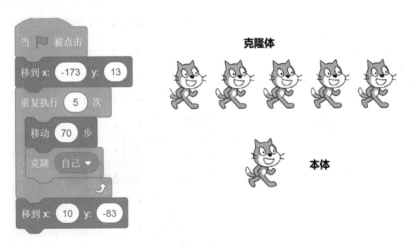

图 1-8-6　克隆 5 只小猫（2）

而且我们还发现，这段脚本是控制本体的。那如何来控制克隆体呢？可以使用 当作为克隆体启动时 和 删除此克隆体 命令来完成。

Scratch 3.0 实战与思维提升

试一试

编辑运行脚本（见图1-8-7）。试着分析一下，如何让舞台上的所有小猫旋转起来？

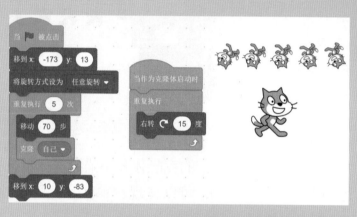

图1-8-7　小猫旋转脚本（1）

小提示

实际应用中，常通过隐藏命令 隐藏 把角色本体隐藏起来，以保证出现在舞台区的角色都是克隆体。由于克隆体继承本体的特征，所以要使用显示命令 显示 （见图1-8-8）。这是克隆的固定用法哦！

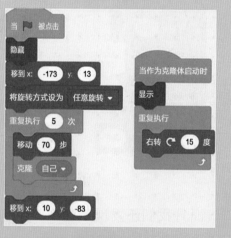

图1-8-8　小猫旋转脚本（2）

76

探究 3：　让小球角色在舞台顶部随机下落

本游戏中，小球角色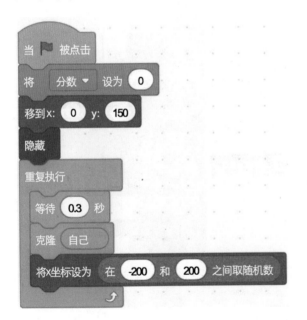要从舞台顶端源源不断地随机下落。

首先，需要在顶端区域克隆小球角色。Y 坐标固定（建议 150 ~ 180 选一个值），X 坐标可以在 -200 ~ 200 随机选定。参考脚本如图 1-8-9 所示。

其次，要实现克隆体小球不断下落。循环减小 Y 坐标的值，即可实现克隆体小球不断下落。参考脚本如图 1-8-10 所示。

图 1-8-9　小球克隆参考脚本

图 1-8-10　小球从顶端下落参考脚本

通过克隆技术，很好地解决了小球角色的技术难题。为了让游戏的视觉效果更佳，小球角色还需要解决以下两个问题：

❀　使用变量记录玩家的接球数量。

❄ 小球遇到碗或舞台边缘后要消失。

练一练　难度指数：★★★★☆

完成"接小球"游戏，试着用键盘上的方向键控制碗的走向。

其中，鼠标控制碗接小球的脚本如图 1-8-11 所示，碗的参考脚本如图 1-8-12 所示。

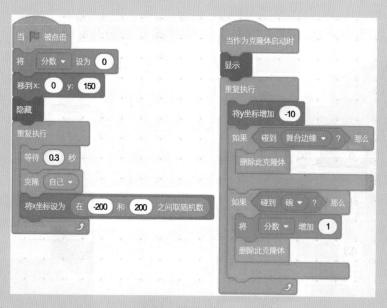

图 1-8-11　鼠标控制碗接小球的脚本

图 1-8-12　碗的脚本

试一试

请为游戏设计一个计时器，用于一分钟倒计时，看看玩家在一分钟内看谁接到的小球最多。

小提示

倒计时结束后，可以利用 ●(控制) 模块中的 [停止 全部脚本 ▾] 命令使游戏终止。

第 9 节　单词拼拼拼

学习目标

1. 掌握用列表存储变量的方法。
2. 能够使用等待模块获取用户回答，实现人机交互。
3. 了解翻译模块与文本转语音模块，实现创意设计。

玩一玩

打开"单词拼拼拼 .sb3"文件，游戏界面如图 1-9-1 所示。

游戏玩法：屏幕上的人物会给出某个英文单词的中文，玩家单击"朗读键"按钮▶，可聆听单词的发音。玩家将对应单词输入文本框中后，如果拼写正确，屏幕上的人物就会给出祝贺或鼓励。

图 1-9-1　单词拼拼拼

 设计思路分析

本游戏中，设置了一个列表□ 词典 ，用于存放待测验的单词；设置了一个变量□ 我的变量 ，用于存储列表中元素的序号，便于从中读取单词。列表中的单词可以顺序读出，也可以随机读出。

游戏包含两个角色：提问者 和朗读键 。其中，提问者 的功能是：说出列表中所存单词对应的中文，之后以询问并等待的方式与用户进行交互；通过判断用户输入的单词是否正确，对用户进行祝贺或鼓励。朗读键的作用是：当角色被单击时，读出对应的单词。

　　该程序有两个核心要点：首先，需要具有翻译功能，能将列表中存储的单词翻译成中文，作为题目提供给玩家；其次，需要具有朗读功能，能将列表中存储的单词朗读出来，作为提示信息提供给玩家。

角色素材准备

1. 舞台背景

　　导入外部图片文件"单词拼拼拼 .jpg"（见图 1-9-2），建议图片选择 480×360 的像素尺寸或倍数图片，以更好地适应 Scratch 舞台比例。

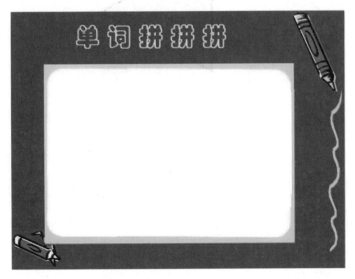

图 1-9-2　导入背景图片

2. 角色

从素材库中载入 角色。

规则：引导玩家完成游戏流程，并给出正确的答案提示，答题次数由列表中的单词数量来决定。

行为：顺序读出列表中的单词；引导玩家输入答案；判断玩家答案是否正确，并给出评判。

3. 角色

使用角色绘图方式，绘出一个三角形，取名为"朗读键"，如图 1-9-3 所示。

图 1-9-3　朗读键角色绘制

规则：读出单词语音。

行为：单击舞台区的按键 ，读出英文单词。

4. 单词表文件

将单词准备好，录入"单词表 .txt"文件中，如图 1-9-4 所示。

整个"单词拼拼拼"游戏的设计流程如图 1-9-5 所示。

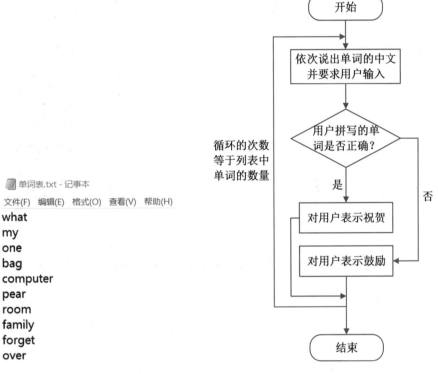

图 1-9-4　录入单词表　　　图 1-9-5　"单词拼拼拼"游戏流程示意图

探究 1： 建立列表和变量，快速在列表中放置游戏需要的单词

（1）选择 变量 模块中的 建立一个变量 命令，建立一个名为"a"的变量。

（2）选择 变量 模块中的 建立一个列表 命令，建立一个名为 词典 的列表，如图 1-9-6 所示。

图 1-9-6 单词库

（3）保证列表在舞台区中可见（☑ 词典），在舞台列表处单击鼠标右键，在弹出的快捷菜单中选择"导入"命令（），从记事本文件中批量导入单词。之后根据需要，可以让列表不再可见（☐ 词典）。

探究 2： **文字的朗读和翻译功能**

📖 **模块命令及功能**

实现文字朗读和翻译功能的模块命令如表 1-9-1 所示。

表 1-9-1　文字朗读 / 翻译相关模块命令及功能

序　号	所 在 模 块	命　　令	实 现 功 能
1	翻译模块 翻译	将 hello 译为 中文(简体) ▼	将文字翻译成指定语言
2	翻译模块 翻译	访客语言	检测来访者的语言种类
3	文字朗读模块 文字朗读	朗读 hello	将参数内容朗读出来
4	文字朗读模块 文字朗读	将朗读语言设置为 English ▼	设置朗读语言
5	文字朗读模块 文字朗读	使用 中音 ▼ 嗓音	设置朗读者的声音

 翻译功能

翻译功能需要自行添加。单击"添加扩展"按钮，选择"翻译"选项，即可添加翻译模块，如图 1-9-7 所示。

翻译模块的功能是将一段文字翻译成指定的语言，包含两个命令。

访客语言 命令用来查看访客的系统语言环境。比如访客的系统是中文环境，要访问一个英文 Scratch 作品，那就是中文（zh-cn）；

图 1-9-7　翻译模块

相反，一个英文环境下的玩家来看这个作品，那就是英文。

将 hello 译为 中文(简体) ▼ 命令用于将内容翻译成指定语言（支持包含中文在内的数十种文字）。比如要翻译列表的单词，只需

85

要选择列表中存储的单词，将其作为模块参数，并选择目标语言（  ），即可完成翻译。

翻译后的单词该如何传递给玩家呢？可以用"连接……和……"命令让角色自然地说出翻译结果，如图 1-9-8 所示。

图 1-9-8 传递翻译结果

朗读功能

文字朗读模块也需要自行添加。单击"添加扩展"按钮 ，选择"文字朗读"选项，即可添加文字朗读模块。

文字朗读模块包含 3 个模块命令。

命令用于设置语言。该命令共支持 14 种语言，可以朗读英语、法语、德语、意大利语、日语等。注意，可朗读的语言中不包含中文，因此不能朗读中文。

命令用于设置声音。该命令提供了中音女声、男高音、尖细女声、巨人男声以及小猫的搞笑声音。注意，选用小猫声音后，不管说什么内容，发出的声音都是喵喵喵。

设置完朗读功能后，就可以用朗读命令 朗读 hello 来朗读指定内容了。游戏中，需要玩家单击朗读键 后再开始朗读，其参考脚本如图 1-9-9 所示。

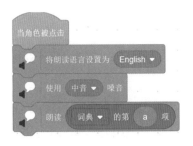

图 1-9-9　朗读列表中的单词

小提示

文字朗读命令中，设置声音和语言参数时，只能从列表（见图 1-9-10）里选择，不能直接传入参数。

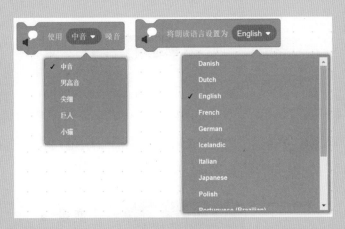

图 1-9-10　文字朗读参数设置

如果需要朗读的内容朗读器不支持，那就无法发出声音。比如，让朗读器朗读中文，就无法实现。

要注意翻译内容的长度是有限的，大概在 20 个字左右。所以不能一下子朗读一大段文章，但一句话一句话朗读是没问题的。

探究 3： 自动向后滚动单词，直至测试完所有单词

首先来回顾一下提问者 的行为和规则。

规则：引导玩家完成游戏流程，并给出正确答案提示，答题次数由列表中的单词数量决定。

行为：顺序读出列表中的单词；引导玩家输入答案；判断答案正误，并给出评判。

根据上述规则，要想让单词自动向后滚动，需要解决两个关键问题：

❄ 读出列表中的单词总数 词典 ▼ 的项目数 ，确定答题次数（程序循环次数）。

❄ 记录答题是列表中的第几项，保证朗读的内容能够有效对应。例如，用变量 a 来表示当前答题是列表中的第 a 项。

实现自动滚词功能的参考代码如图 1-9-11 所示。

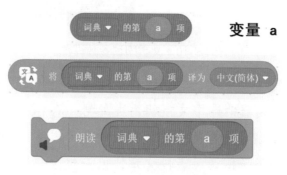

图 1-9-11　变量 a 的作用

练一练 **难度指数：★★★★★**

根据"单词拼拼拼"游戏场景，选择合适的背景，设计合理的对话提示语，完成游戏制作。

角色的参考脚本如图 1-9-12 所示。

角色的参考脚本如图 1-9-13 所示。

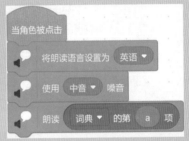

图 1-9-12 播放键的参考脚本

图 1-9-13 提问者的参考脚本（1）

为了增加程序的游戏性，单词一般会设计成随机出现模式。设计程序，实现随机出现单词的效果。

的参考脚本如图 1-9-14 所示。

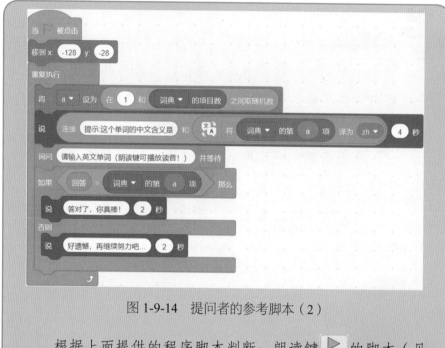

图 1-9-14　提问者的参考脚本（2）

根据上面提供的程序脚本判断：朗读键  的脚本（见图 1-9-12）是否需要进行相应修改？如果是，应该怎么改？

试一试

为了增加程序的游戏性，单词一般被设计成随机出现模式，而且不重复出现。

请设计程序实现上述功能。

小提示

及时将出现过的单词删除，可以确保单词不会被重复选择。

第 2 章

程序设计基础与问题解决

第1节　数据与数据运算

1. 了解数据及数据编码。
2. 学会在声音模块中编辑声音。
3. 知道不同类型数据的运算操作符。
4. 掌握运算模块中参数命令的使用技巧。

探究1：　**数据与数据编码**

计算机问世前，数据多指用于统计的数字或数值。计算机问世初期，主要用于进行数值计算，如进行火箭研究方面的公式计算等。随着技术的发展，计算机逐步应用于数据处理，如对学生成绩进行分析管理等。

随着计算机、互联网和移动互联网的普及与发展，现代数据已不再局限于只是数字或数值，而是有了更多的内涵和更广的外延。数据可以是字符、图像、音频和视频等。例如，运动数据包括运动时间、跑步步数和平均心率等；学生数据包括学生姓名、家庭住址等基础信息和学习成绩等。

计算机作为数据处理的一种工具，无论处理的是字符、图像、声音还是视频数据，都需要先转换成二进制形式的编码，才能被存储、处理和传输。常见数据类型的编码思想和典型应用如

表 2-1-1 所示。

表 2-1-1　常见的数据类型及其应用

数据类型	编码思想	典型应用（格式文件）
字符编码	多种文字和符号的总称。通过编码方法，可将字符转换为计算机可接受的二进制数据	ASCII 码 GB2312 汉字
声音编码	声音是一种波，振幅是声波的重要指标。按照一定的时间间隔，采集声波的振幅并将其转换为二进制数序列	WAV 格式 MP3 格式
图像编码	一幅图像，可看作是由许多彩色或灰度的点（也叫像素）按横纵排列而成。像素的数量越多，图像的信息量就越大；像素的色彩越丰富，图像就越逼真	JPG 格式 PNG 格式 BMP 格式
视频编码	视频由以一定速度连续播放的一组静态图像形成，这些静态图像被称为帧（Frame）。通过视频采集卡等输入端口采集模拟视频信号，对其进行数字化处理，可生成数字视频文件	AVI 格式 WMV 格式 MP4 格式

 小技巧

ASCII 码编码

ASCII (American Standard Code for Information Interchange，美国信息交换标准代码) 是基于拉丁字母的一套电脑编码系统，主要用于显示英语和其他西欧语言。标准 ASCII 码也叫作基础 ASCII 码，使用 7 位二进制数（转换为十进制就是 0 ~ 127）来表示所有的大小写字母、数字 0 ~ 9、标点符号以及美式英语中使用的特殊控制字符（见表 2-1-2）。

表 2-1-2　标准 ASCII 码表示的字符范围

| 标准 ASCII 码 | | 表示的字符（范围） |
二　进　制	十　进　制	
0010 0000	32	空格键
0011 0000 ~ 0011 1001	48 ~ 57	字符 0 ~ 字符 9
0100 0001 ~ 0101 1010	65 ~ 90	大写字母 A ~ Z
0110 0001 ~ 0111 1010	97 ~ 122	小写字母 a ~ z

 计算机中常用的进制

二进制在计算机等数字设备中被广泛应用，其基本规则如下：

❋　二进制的基数为 2，两个基本数码是 0 和 1。

❋　采用"逢二进一"的进位规则。例如，1+1=10。

❋　不同的数位对应不同的权值，权值用基数的幂表示。

由于计算机中所有的操作都需要通过二进制来实现，因此进行数据处理前，需要将十进制数先转换成二进制数，通常采用"除 2 反向取余法"。

例如：将十进制数 19 转换为二进制数。

将十进制数 19 除以 2，记录商和余数，再将得到的商继续除以 2，依此类推，直至商为零（见图 2-1-1）。将余数逆向记录，便可得到 19 的二进制数。

$(19)_{10}=(10011)_2$

计算机处理完数据后，还需要将其输出呈现。这时，需要将

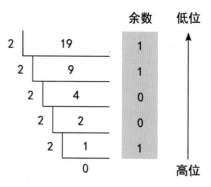

图 2-1-1　除 2 反向取余法

二进制数转换成十进制数，常用的转换方法是"按权展开求和法"。

例如：将二进制数 10011 转换为十进制数。

$(10011)_2 = 1 \times 2^4 + 0 \times 2^3 + 0 \times 2^2 + 1 \times 2^1 + 1 \times 2^0 = 16 + 0 + 0 + 2 + 1 = (19)_{10}$

在计算机科学中，除了使用二进制外，人们还经常使用八进制和十六进制。八进制的基数为 8，逢八进一。十六进制的基数为 16，逢十六进一。

例如，$(37)_8$ 是八进制数，$(FFCC99)_{16}$ 是十六进制数。

小技巧

在计算机中，颜色通常用 RGB（Red，Green，Blue）值来表示，其中的红、绿、蓝三原色用 3 个数字表示，说明了每种原色的相对份额。如果用 0 ~ 255 的数字表示一种元素的份额，那么 0 表示这种颜色没有参与，255 表示它完全参与其中。例如，RGB 值（255,255,0）最大化了红色和绿色的份额，最小化了蓝色的份额，结果生成的是嫩黄色。

RGB 颜色值可以转换为十六进制的颜色码。例如，颜色值 RGB（64,224,208）可记为 #40E0D0 颜色码，表明该颜色是由红、绿、蓝 3 个颜色值 64、224、208 分别对应的十六进制数 40H、E0H、D0H 组成的。

探究 2：　Scratch 中的声音

　**声音模块**

声音模块 主要用于控制系统的声音，如添加音效、控

制音量等。在 Scratch 中，每个角色都拥有自己的声音资源（ 代码 造型 声音 ），其导入方式和角色及背景的导入一样，可以从声音库或外部资源中导入，也可以自己录制。

1. 添加声音

新建文件"有趣的打击乐 .sb3"，删除默认角色，添加一个新角色 。为角色添加合适的背景音乐（可循环 -Medieval2）和 3 个人声片段素材（Beat Box1、Beat Box12 和 Hey）。

2. 编辑声音

使用声音模块，可以为导入的声音取名，也可以对其编辑、修剪等。例如，如图 2-1-2 所示的编辑中，单击轻一点和慢一点按钮，可让背景音乐播放得更轻、更柔。

图 2-1-2　编辑背景音乐

3. 音乐创作

同学们可以配合角色的 4 个造型（见图 2-13）和音乐库里的

音乐片段，创作出一个有趣的作品。

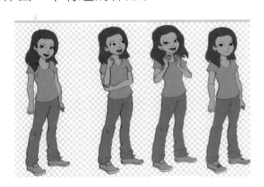

图 2-1-3　角色的 4 个造型

参考脚本如图 2-1-4 所示。

图 2-1-4　音乐创作参考脚本

编辑运行图 2-1-4 中的脚本，体会程序实现的功能与效果。

试着编辑声音，让音乐更具表现力。

小技巧

在 Scratch 3.0 中，扩展功能里的音乐模块，可以提供 18 种打击乐器的模拟声音。

7 个命令（见图 2-1-5）可以满足基本的音乐编曲需求，为喜爱乐器的朋友提供一个很好的创作舞台。

有兴趣和基础的同学可以尝试一下。

图 2-1-5 音乐模块

探究3：　数据类型与表达式运算符

Scratch 3.0 中虽然有上百个模块命令，但却有很多规律可循。比如，按照命令的外观可分为 4 类，分别是堆叠命令、嵌套命令、事件命令和参数命令，如图 2-1-6 所示。其中，堆叠、嵌套和事件命令都是可以单独使用的命令，而参数命令无法独立使用，必须放在其他命令内。其实，参数命令就相当于数据，不同的参数形状，代表着不同的数据类型。

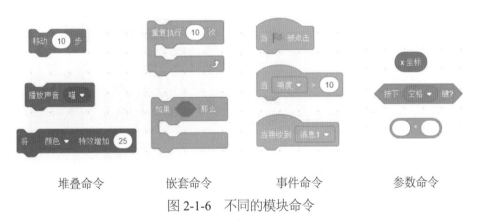

| 堆叠命令 | 嵌套命令 | 事件命令 | 参数命令 |

图 2-1-6　不同的模块命令

 基本数据类型与表达式

在编写程序解决问题的过程中，为了更好地处理各种数据，程序设计语言提供了多种数据类型，不同类型的数据有不同的运算符。由运算符和操作数组成的有意义的运算式子常被称为表达式。例如，3*5 就是一个表达式，其中 3 和 5 是操作数，"*"是运算符，结果 15 就是表达式的值。

Scratch 中常见的数据类型及其说明如表 2-1-3 所示。

表 2-1-3　Scratch 中常见的数据类型

数 据 类 型	类 型 说 明	参数的形状
整型	用来存放整数，可以是任意大小，如 3、-99、98877663554736664	x 坐标
浮点型	用来存放小数，如 3.3429、0.0088、1.118E+6（表示 1.118×10^6）	平方根 ▼
字符串型	用一对单引号（''）或双引号（" "）括起来的字符串，如 " 中国 "、"Scratch"、"334671"	连接 apple 和 banana
布尔型	用于逻辑判断，只有 true 和 false 两个值，分别代表真和假	我的变量 > 50
列表	用来存放一组数据的序列，其元素可以是各种类型的数据	wordDict：1 what 6 pear 2 my 7 room 3 one 8 family 4 bag 9 forget 5 computer 10 over

 运算操作符

在 Scratch 的运算模块 中，18 个命令主要包含基本的数学运算、比较运算、逻辑运算、字符串处理和一些特殊的数学运算，不同类型的数据可以进行不同的运算。

1. 数学运算

Scratch 支持 4 种基本的算术运算——加法（+）、减法（-）、乘法（*）和除法（/）。除此以外，还支持取余数、四舍五入和产

生随机数等数学运算。

如图 2-1-7 所示，这些命令会生成一个数字，因此，如果某个命令能接受数字作为参数，那么这些操作符便能嵌入其中，构成更复杂的数学运算。

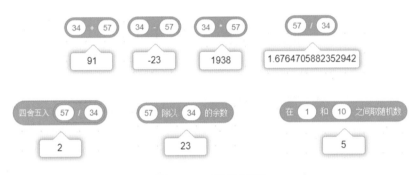

图 2-1-7　数学运算

Scratch 中还提供了许多数学函数。在绝对值命令 的下拉菜单中，包含平方根、三角函数、对数和指数等 14 个数学函数。

2. 字符串运算

字符串是数字、大小写字母、汉字、符号（包括空格）等字符的组合。在 Scratch 中，字符串是个重要的数据类型， 模块主要提供了连接字符串、求解字符串中某一位字符以及检测字符串长度等命令（见图 2-1-8）。

Scratch 3.0 中还增加了字符串包含检测命令（见图 2-1-9），这在之前的版本中是没有的。

3. 比较运算

比较运算用于比较两个数值或表达式的大小关系（大于、小于或等于）。此操作符又称为关系操作符，因为可用它来测试两个值之间的关系。

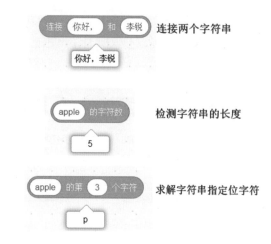

连接两个字符串

检测字符串的长度

求解字符串指定位字符

图 2-1-8　常见字符串命令

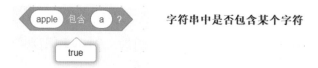

字符串中是否包含某个字符

图 2-1-9　字符串包含检测命令

比较运算符全部是六边形积木，也叫作布尔表达式。数值的比较结果是 true 或 false，同学们在设计第 1 章 "加法练习" 游戏时有过探讨和应用。

（1）数值比较运算

数值比较比较简单，如图 2-1-10 所示，同学们一看就很容易理解了。

图 2-1-10　数值比较运算

（2）字符串比较运算

有关字符串比较，我们可以得出如下结论：

❈ 比较字符串大小时，会忽略字符的大小写。

❈ 空格是字符串的一部分，因此也要参与比较。

❈ 比较字符串时，将按照字符 ASCII 码值的大小，逐个字符进行比较。

试一试

从如图 2-1-11 所示的两组命令运行中，同学们可以得出什么结论？

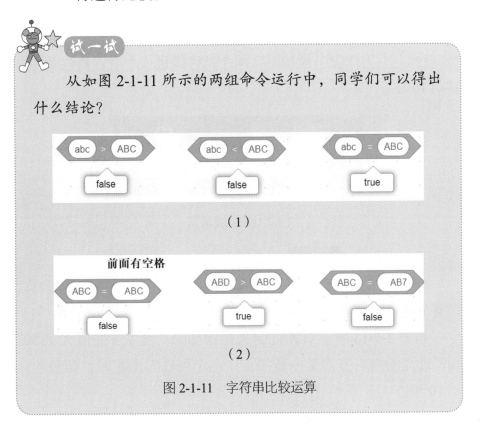

图 2-1-11　字符串比较运算

4. 逻辑运算

在第 1 章中，同学们经常用到 和 等命令。

这些命令都是六边形（也被称为菱形），结果返回一个真（true）

或假（false）的逻辑值，用于判断某个条件是否满足。

在 模块中提供了 3 个逻辑运算命令，可以实现不同的逻辑运算方式。

（1）或运算

或运算中，两个条件（也可能是多个条件）中有一个为真，则整个运算的值为真（true）。

如图 2-1-12 所示脚本的含义是：当"变量 a 的值大于 50"和"键盘的向右方向键→被按下"两个条件满足一个时，角色就可以移动 10 步。

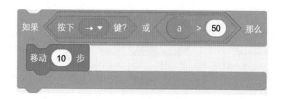

图 2-1-12　或运算

（2）与运算

与运算中，两个条件（也有可能是多个条件）中值都为真，则整个运算的值为真（true）。

如图 2-1-13 所示脚本的含义是：如果"变量 a 的值大于 50"和"键盘的向右方向键→被按下"两个条件都满足时，角色才移动 10 步。

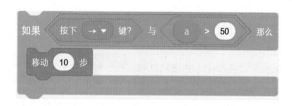

图 2-1-13　与运算

（3）非运算（不成立）

非运算中，整个运算的值恰好和条件的逻辑值相反。也就是说，当条件不成立时，整个运算的值为真（true）。

如图2-1-14所示脚本的含义是：当"变量a的值大于50"不成立时，角色才移动10步。

图2-1-14 非运算

既然数据分不同类型，那么变量作为存储数据的容器，为何在定义时无须指定类型呢？如图2-1-15所示的3组命令中，哪个写法是合法的呢？

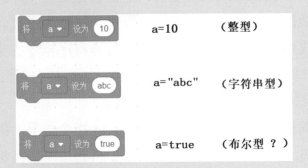

图2-1-15 变量a的赋值

建立一个变量a后执行语句 将 a 设为 88 ，那这个"88"到底是指数字88，还是表示拜拜含义的字符串"88"呢？

事实上，Scratch并不知道这个变量的用途，就允许变量存放任何类型的数据。执行脚本时，Scratch会根据上下文自动进行数据类型转换。

105

第 2 节　程序的算法及描述

学习目标

1. 了解程序语言的发展历史。
2. 了解算法的概念。
3. 学会算法的自然语言和流程图描述。

探究 1：程序语言的发展历史

想让计算机帮助人们做事情，需要通过编程（即编写计算机程序）来指挥计算机。何为计算机程序？就是为了让计算机执行某些操作或解决某个问题而编写的一系列有序指令的集合。编程就是利用计算机可以理解的"语言"和它沟通，让它明白你的意图，并指挥计算机完成你要做的事情的过程。

有了编程语言，计算机才能按照人的指令做事。编程语言是人与计算机之间的桥梁，其发展历经了机器语言、汇编语言、高级语言 3 个阶段。

早期的程序设计均使用机器语言，它由通过数值编码（二进制）的指令序列构成。编程者采用数字 0 和 1 编写的程序代码，用打孔方式（1 为打孔，0 为不打孔）将程序代码打在纸带或卡片上，输入计算机中进行运算。这样的程序十分复杂，不方便阅读和修改，也难以辨别和记忆。

汇编语言即第二代计算机语言，用一些容易理解和记忆的字母、单词来代替一个特定的指令。比如，用 ADD 代表数字逻辑上的加减，MOV 代表数据传递等。通过这种方法，人们能更容易地阅读已经完成的程序或理解程序正在执行的功能，现有程序的 bug 修复以及运营维护也变得更加简单方便。

如图 2-2-1 所示即为一个汇编程序，其功能是打印出"Hello World"。

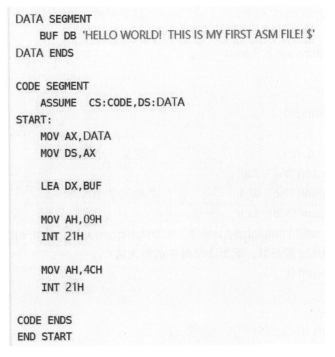

```
DATA SEGMENT
    BUF DB 'HELLO WORLD! THIS IS MY FIRST ASM FILE! $'
DATA ENDS

CODE SEGMENT
    ASSUME  CS:CODE,DS:DATA
START:
    MOV AX,DATA
    MOV DS,AX

    LEA DX,BUF

    MOV AH,09H
    INT 21H

    MOV AH,4CH
    INT 21H

CODE ENDS
END START
```

图 2-2-1　汇编语言程序示例

计算机只能"读懂"机器指令，那它是如何"读懂"汇编语言程序的呢？这就需要编译器的帮助。编译器可将汇编源程序编译为机器码，然后计算机就可以轻松执行汇编程序指令了。

汇编语言和机器语言一样，其实质上都是对计算机硬件直接进行操作，因此两者都属于低级语言。随着计算机技术的飞速发展，后来又出现了许多语言，如 C 语言、Python 语言等，它们都属于高级编程语言。

例如，求 3 个数中的最大数，分别使用 C 语言和 Python 语言编写。

C 语言程序代码参考：

```
#include <stdio.h>
int bigger(int a, int b)           /* 定义两数比较的函数 */
{
      return a > b ? a : b;
}

int main(void)
{
      int a, b, c;                 /* 定义 3 个变量 */
      scanf("%d", &a);
      scanf("%d", &b);             /* 输入 3 个数 */
      scanf("%d", &c);
      printf("The biggest one is : %d\n", bigger(a, bigger(b, c)));
   /* 调用比较函数，输出 3 个数中的最大值 */
      return 0;
}
```

Python 语言程序代码参考：

```
def biggest(a,b,c):
# 先比较 a 和 b
  if a>b:
    maxnum = a
  else:
    maxnum = b
# 再比较 maxnum 和 c
```

```
    if c>maxnum:
        maxnum=c
    return maxnum
maxnum = biggest(10,2,23)
print(maxnum)
```

从上述两段程序代码中可以看出，这些语言的特点和语法规范虽然各不相同，但都与计算机的硬件结构及指令系统无关，可以更清晰地表示出数据的运算过程和程序控制结构，问题解决过程更明确，也更容易学习掌握。

本书学习的 Scratch 是美国麻省理工学院开发的一套图形化编程语言工具，提供了积木式的指令，将这些指令按预先设计的逻辑组合起来，即可形成程序脚本，实现特定的功能。

下面使用 Scratch 求 3 个数中的最大数，程序代码如图 2-2-2 所示。

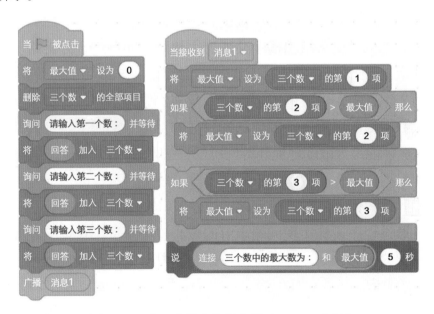

图 2-2-2　求 3 个数中的最大数（Scratch 实现）

109

与 C 和 Python 相比，Scratch 是视觉化编程，以鼠标输入为主，键盘使用的很少，因此能有效避免许多不合法的语法。

Scratch 共经历了 3 个版本的变化。1.4 版开始支持中文界面；2.0 版开始支持在线和离线编程模式，是同学们接触最多的版本；目前最新的版本是 3.0 版。

和 2.0 相比，Scratch 3.0 不仅对界面进行了调整，还改进和新增了许多模块命令。本书所有的案例都是以 3.0 版为编程语言完成的。

探究 2：算法与算法描述

算法的概念

同学们在生活、学习中需要解决的问题无处不在。比如坐车上学，手机导航会给出多个交通出行建议，如何综合分析路况和时间余量，选择最佳的出行方式呢？再比如，期末复习的紧要关头，如何才能在限定的时间内做到全面复习？假期旅游，在资金受限和天数限定的前提下，如何选择合适的地点、交通工具、线路和美食，才能最大限度地提升游玩质量？

针对同一问题，解决方法和步骤通常有多种，因人而异，各不相同。我们把各种解决问题的方法及其步骤统一称为算法。计算机通过程序设计实现问题求解的核心也是算法，它是编程者精心设计的运算序列，由计算机按照算法规定的步骤执行操作，实现问题求解。

例如，第 1 章第 8 节的接球游戏中，针对如何解决小球从屏幕顶端某个随机位置源源不断落下的问题，就有多种思路。

❄ **思路 1**：首先实现一个 ⬤ 小球 角色从顶部下落移动，然后复制很多个小球角色，改变初始位置和下落的时间间隔，实现小球源源不断下落的效果，如图 2-2-3 所示。

图 2-2-3　复制多个小球角色实现下落（1）

❄ **思路 2**：首先实现一个 ⬤ 小球 角色随机出现在顶部并下落，然后复制很多个小球角色，实现源源不断小球下落的效果，如图 2-2-4 所示。

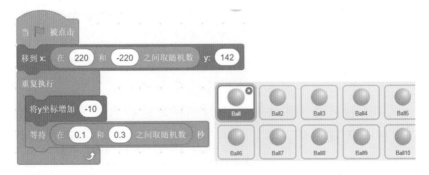

图 2-2-4　复制多个小球角色实现下落（2）

❄ **思路 3**：使用克隆技术，首先源源不断地克隆出小球，然后控制克隆体随机出现在顶部，实现下落效果，如图 2-2-5 所示。

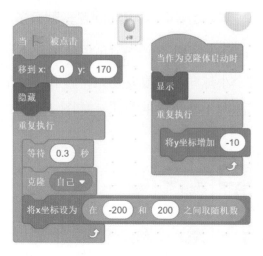

图 2-2-5　克隆小球角色实现随机下落

比较这 3 种问题解决思路，不难发现：一个好的算法对程序设计来说影响很大，它可以减少开发时间，使运算速度更快。

小提示

算法是为了解决问题产生的，一定可以解决某个问题。计算机科学家 Knuth 将算法的性质总结为如下 5 点。

❋ 输入：算法具有 0 个或多个输入。

❋ 输出：算法至少有 1 个或多个输出。

❋ 有穷性：算法在有限的步骤之后会自动结束而不会无限循环，并且每一个步骤可以在可接受的时间内完成。

❋ 确定性：算法中的每一步都有确定的含义，不会出现二义性。

❋ 可行性：算法的每一步都是可行的。也就是说，每一步都能够执行有限的次数。

　　猜数字游戏：生成一个 1 ~ 100 的随机数，如 78。玩家在输入框中输入自己猜的数字，如输入 80，提示"猜大了"；如输入 45，提示"猜小了"。不超过 10 次猜中数字，则提示成功，否则提示失败。部分程序脚本如图 2-2-6 所示。

图 2-2-6　猜数字程序脚本片段

　　在程序实现之前，该如何记录和描述猜数字问题的解决方法和步骤呢？

　　描述算法就是将解决问题的步骤，用一种可理解的形式表示出来。常用的描述方法有自然语言描述法和流程图描述法等。

 自然语言描述

　　用自然语言描述算法，就是使用同学们能读懂的简短语句对算法的步骤进行描述。例如，"猜数字"算法可以用自然语言描述如下。

步骤 1：随机生成 0 ～ 100 的随机数，放入"随机数"变量。

步骤 2：询问并等待用户输入猜的数。

步骤 3：如果"回答"的数小于或大于"随机数"，提示重猜。

步骤 4：如果"回答"的数等于"随机数"，祝贺答对了，停止脚本结束。

为了易于同学们理解，第 1 章的所有游戏设计都采用自然语言来描述和分析游戏功能和解决思路。

流程图描述

流程图是用图形表示算法的一种常用工具。用流程图描述的算法直观、清晰，更有利于人们理解程序设计思路。常用的流程图符号如表 2-2-1 所示。

表 2-2-1 常见的流程图符号

流程图符号	名　称	功　能
圆角矩形	开始 / 结束框	表示算法的开始和结束
平行四边形	输入 / 输出框	表示输入或输出数据
矩形	处理框	有一个入口和出口，指出要处理的内容
菱形	判断框	表示判断条件及结果走向。通常有一个入口（顶点）、两个出口
箭头	流程线	控制流程走向
○	连接点	连接分页断开的流程线

例如，猜数字游戏的算法可使用如图 2-2-7 所示的流程图进行描述。

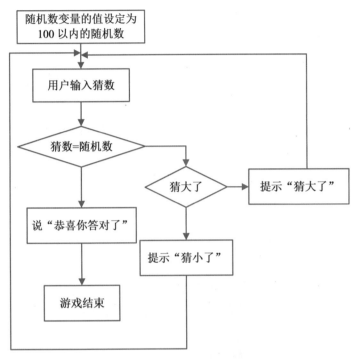

图 2-2-7 猜数字游戏流程图

小提示

为了培养同学们的逻辑抽象能力,在第1章的游戏设计案例中,使用流程示意图(见图 2-2-8)来描述问题的解决思路和流程。从规范性来说,示意图不能称为算法描述方法。

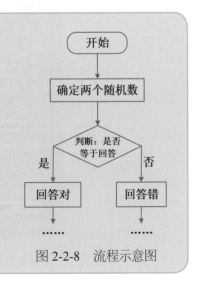

图 2-2-8 流程示意图

115

完成猜数字游戏程序设计。程序生成 1 ～ 100 的随机数，如 78。玩家在输入框中输入猜的数字，如输入 80，提示"猜大了"；如输入 45，提示"猜小了"。不超过 10 次猜中，提示成功，否则提示失败。

❄ 请画出算法设计流程图，并编写程序实现功能。

❄ 玩家如何猜，才能保证在 10 次以内猜中结果？

猜数字游戏的参考程序代码如图 2-2-9 所示。

图 2-2-9 猜数字游戏参考脚本

第3节 程序结构与事件控制

1. 了解程序的 3 种基本结构。
2. 了解事件和条件触发，学会控制程序开始。
3. 理解过程，学会使用自制命令创建过程。
4. 了解面向过程思维，掌握过程在程序结构设计的使用。

探究 1： **程序的 3 种基本结构**

任何复杂程序都是由顺序、选择和循环这 3 种基本结构组成的。这 3 种结构既可以单独使用，也可以相互结合，组成较为复杂的程序结构。

 顺序结构

顺序结构是程序结构中最基本也最易理解的一种程序结构。将命令按照一定的顺序组合成程序脚本，计算机按照从上往下的顺序执行，直至结束，中间没有任何跳转。

例如，第 1 章第 3 节中的主持人报幕过程就是顺序结构。

（1）主持人显示（ 显示 ）出场。

（2）主持人说内容 说 欢迎大家观看今晚的晚会 2 秒 。

（3）主持人说内容 说 请欣赏第一个节目 1 秒 。

（4）主持人表演完发布广播  。

（5）主持人隐藏（ 隐藏 ）退场。

主持人的脚本程序及流程图如图 2-3-1 所示。

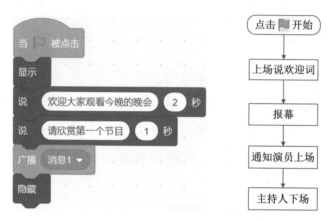

图 2-3-1　主持人脚本程序

分支结构

很多问题的解决并不能简单地依次顺序执行，有时需要根据条件有选择地进行处理。例如"加法练习"游戏中，两个加数随机生成并显示在舞台区，玩家提示计算结果后程序需要比较玩家答案，从对、错两个方面给予验证。

选择结构中，需要判断条件是否成立。若条件成立（是），则执行语句 说 对 2 秒 ；若条件不成立（否），则执行语句 说 错 2 秒 ，如图 2-3-2 所示。

选择结构也叫作分支结构，首先进行判断，只有符合一定的条件，程序才会被执行。其中，判断条件是否成立，靠关系表达式与逻辑表达式完成。在 Scratch 中，选择包括单选择、双选择和多选择 3 种形式。

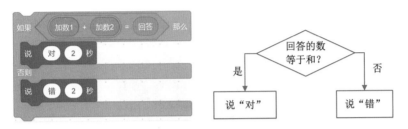

图 2-3-2 判断得数是否正确

1. 单选择结构

当"空格被按下"条件成立时，执行 移动 10 步 命令；如果条件不满足（即"空格没有被按下"），则什么也不执行，如图 2-3-3 所示。

图 2-3-3 单选择结构

2. 双选择结构

当"空格被按下"条件成立时，执行 移动 10 步 命令；如果条件不满足（即"空格没有被按下"），则执行 移动 5 步 命令，如图 2-3-4 所示。

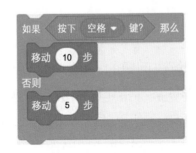

图 2-3-4 双选择结构

119

3. 多选择结构

多选择结构中，通常是一个选择结构里嵌套着另一个选择结构，如图 2-3-5 所示。

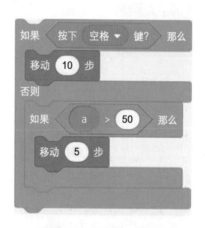

图 2-3-5 多选择结构

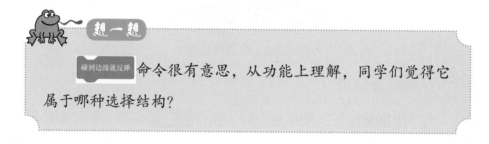

想一想

碰到边缘就反弹 命令很有意思，从功能上理解，同学们觉得它属于哪种选择结构？

 循环结构

循环，指的是把解决问题的一个或多个步骤重复执行若干次。这里，根据需要可重复执行指定的次数；可无限重复执行；也可限定一个条件，在达到该条件之前始终重复这些步骤。程序设计中，利用循环结构可以实现这种重复性的操作。

例如，第1章第2节的"小猫快走"游戏中，通过控制模块中的"重复执行"命令，可实现小猫不停走动，也可实现小猫按一定角度旋转一周，如图2-3-6所示。

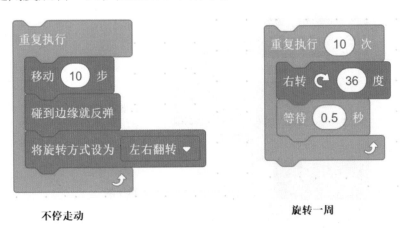

不停走动   旋转一周

图2-3-6 "小猫快走"程序脚本片段

Scratch的控制模块中提供了多种形式的循环结构，如表2-3-1所示。

表2-3-1 常见的循环结构

命 令	功 能	命 令	功 能
重复执行	一直重复下去，直到游戏结束（即按下停止按钮）	重复执行 10 次	重复执行10次后结束
重复执行直到 ◆	当条件成立时重复执行，条件不成立时结束	等待 ◆	在条件成立之前一直等待，临时暂停当前脚本的执行顺序

例如，同学们需要设计一个计时器，其循环结构如图2-3-7

121

所示。

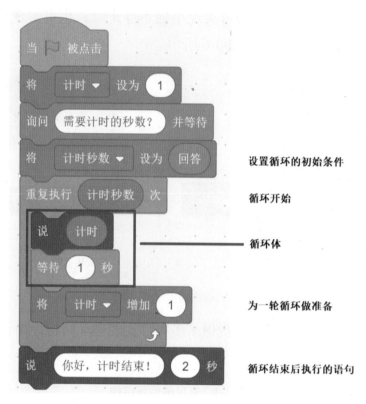

图 2-3-7 计时器程序脚本

循环结构有两个重要的概念：循环条件和循环体。不同的循环形式，循环条件有所不同。理解循环结构时，可以把循环体看作一个整体，程序每循环一次，循环体就被执行一次。

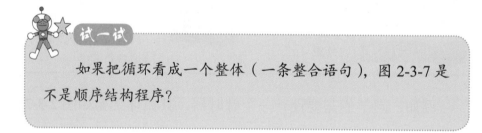

试一试

如果把循环看成一个整体（一条整合语句），图 2-3-7 是不是顺序结构程序？

探究2: 事件驱动与条件触发

同学们已经知道，编程是为了解决问题，而解决问题可以有多种视角和思路。在 Scratch 程序设计中，会频繁地用到

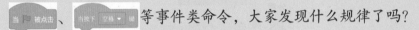 等事件类命令，大家发现什么规律了吗？

这就好比我们乘坐电梯，会选按楼层按钮，假设我们按了 19，电梯会运行到 19 楼后停下，开门、上人、下人，然后关门并继续到下一楼层。再比如，工厂的工人机器作业是：按下启动按钮，机器开始运行；当设备移动到一个特定位置时，立刻停机；当工序执行 10 次后，开始执行下一道工序。这些情景都属于事件触发和控制过程。

Scratch 编程也有类似的机制，以控制程序脚本的开始或停止、脚本执行的步骤和次数等。

 事件触发机制

事件（event）是一个非常重要的概念，就是由某个对象发出的消息。我们的程序时刻都在触发和接收着各种事件，比如鼠标单击事件、空格键被按下事件以及处理操作系统的各种事件。

1. 条件触发

条件触发是指用来触发一段程序脚本，使其开始执行的条件。

最常用的就是 当 ▶ 被点击 和 当角色被点击 等命令，它们都是用来触发角色脚本程序运行的事件。还有一些其他条件，也可用作一段程序开始的触发，比如按下空格（或其他）按键、舞台背景切换、接收到的响度等。这些命令在事件模块（见图 2-3-8）中都能找到。

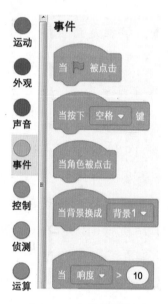

图 2-3-8　事件模块

这些事件发生后，下面的程序开始运行。所以，事件一定是某段程序的第一个命令，是程序的起始点。Scratch 可以新增多个角色，每个角色可以独立编码完成属于自己的事情（逻辑），条件触发原则上只可以触发事件命令下的程序运行。

2. 消息广播机制

在事件模块中还有两个重要的命令：广播 消息1 ▼ 和 当接收到 消息1 ▼ 。这两个命令被广泛地用在需要角色互动的程度设计中。例如，"演出开始"游戏中主持人和演员的角色互动（见图 2-3-9）。

124

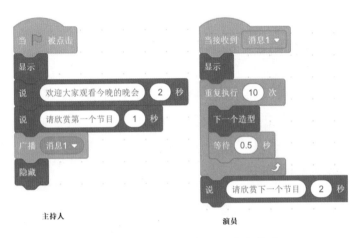

主持人　　　　　　　　　　　　演员

图 2-3-9　主持人和演员的消息传递

当我们单击 ▛ 按钮，将触发主持人角色程序，开始广播"消息 1"。对于演员角色来说，当接收到"消息 1"时，程序开始启动。这样通过"消息 1"，就连接了不同的角色，让他们之间产生了互动。

小提示

Scratch 提供了两个发送广播的命令。

广播 消息1 ▼ 命令：发送广播后，立刻开始执行自己后续的命令。这就好比，我通知过你们"要下雨了"，但你们怎么做，我可一点也不关心，我要去做自己的事情了。

广播 消息1 ▼ 并等待 命令：发送广播后，会耐心等所有接收广播的角色执行完"当接收到 xx"代码块，然后才开始执行自己后续的命令。这就好比，我不光要通知你们"要下雨了"，还要看着甲收完衣服、乙关好门窗，才能安心地去做自己的事情。

125

探究 3: "分而治之"的编程思路

在第 1 章"神奇的画笔"游戏中，我们研究了画笔的功能，总结了画正 N 边形的方法（移动一定步数，旋转 360/N 度，重复执行 N 次），探索了以三角形为花瓣画一个五瓣花的方法，程序脚本实现如图 2-3-10 所示。

图 2-3-10　五瓣花的脚本程序

试一试

如果还想用四边形、五边形做花瓣，绘制如图 2-3-11 所示的 3 朵五瓣花，程序该如何实现?

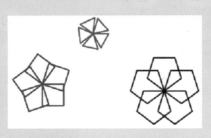

图 2-3-11　3 种五瓣花

让 角色依次绘制图 2-3-11 中的 3 朵五瓣花，要分为以下几个步骤实现。

第一步，初始化画笔设置，画第一朵五瓣花，如图 2-3-12 所示。

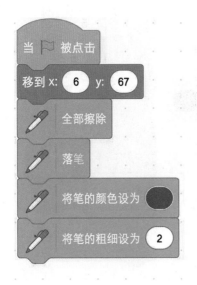

图 2-3-12　画第一朵五瓣花的脚本程序

第二步，初始化画笔设置，画第二朵五瓣花，如图 2-3-13 所示。

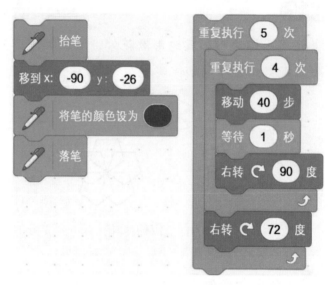

图 2-3-13　画第二朵五瓣花的脚本程序

第三步，初始化画笔设置，画第三朵五瓣花，如图 2-3-14 所示。

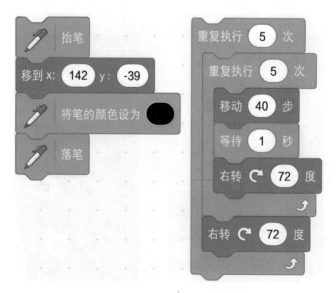

图 2-3-14　画第三朵五瓣花的脚本程序

把这些程序脚本片段顺序连接，就可以轻松地画出这 3 个图形了。

　　同学们之前看到的脚本程序都比较短小，功能也很简单。随着学习的深入和项目设计的复杂，总有一天你会写出又长又复杂甚至有上百条语句的脚本程序。那时，该如何让程序理解起来和维护起来更方便呢？

　　解决复杂问题时，可以把大而复杂的问题分解成许多个小的子问题，然后分别解决并独立测试每个子问题，最后将这些子问题整合在一起，即可解决最初的大问题。

　　采用这种方式编写的程序，不是用很长的代码一次实现所有的功能，而是对整体功能进行脉络和逻辑分析，划分成许多能实现部分功能的单元。这些单元具有类似的功能和逻辑，单元依次相连，即可形成过程。

　　例如，使用多边形花瓣画五瓣花这个大问题，可以分解为 3 个子问题（也可说是 3 个步骤或 3 个过程）。依次解决这 3 个子问题，就能解决最初的大问题。整个功能分解过程如图 2-3-15 所示。

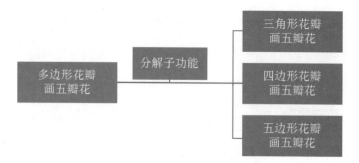

图 2-3-15　多边形花瓣画五瓣花的功能分解

 使用广播模拟过程

　　利用角色广播消息时，其自身也能收到该消息。利用这一特点，我们可以把希望执行的过程放在"当接收到"命令后。广播时建议使用 广播 消息1 ▼ 并等待 命令，以保证每个过程都能被完整、正确地执行，如图 2-3-16 所示。

图 2-3-16　使用广播命令代码

同学们会发现，"过程"思维的编写方式和语义明确的广播消息名称，能够使读者快速理解程序。

练一练 难度指数：★★★☆☆

使用广播模拟完成多边形花瓣画五瓣花程序设计。过程脚本参考如图 2-3-17 所示。

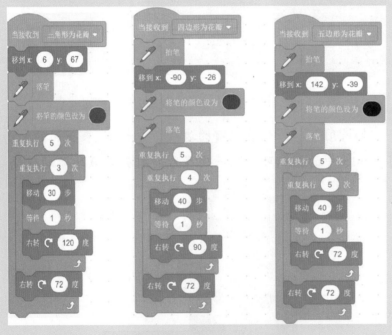

图 2-3-17 广播模拟过程

想一想

分析过程中的循环，结合绘制中边数、循环次数和旋转角度的关系，是不是有什么规律可循？（见图 2-3-18）

图 2-3-18　比较边数、循环次数和旋转角度的关系

如果用"边数"代表花瓣的边数，"边长"代表花瓣的大小，图 2-3-18 中的循环可以统一改写为如图 2-3-19 所示的代码。

图 2-3-19　改写后的代码

Scratch 提供了 100 多个模块命令，功能非常丰富。但有时候，我们在编写一个复杂程序时，脚本会又长又复杂，而且中间存在很多重复的步骤。这些步骤通常找不到对应的单个模块命令，为了避免程序中出现大量重复模块，我们可以自行创造一个模块，并用它代替之前那一串重复的模块。这样，整个程序就会变得简单、明了。这就是自制模块命令最常见的应用场景。

1. 理解需求，确定参数

根据需求，如果用边数代表花瓣的边数，边长代表花瓣的大小，只要指定边数和边长，就可以画出对应的多边形。也就是说，我们需要告诉循环两个参数——边长和边数，它们都是数值类型的数据。

2. 定义新模块命令

选择代码分类区中的"自制积木"模块，单击右侧的"制作新的积木"按钮，在弹出的界面中给新积木起个名字"画五瓣花"，添加"边数"和"边长"数字输入项（ ），然后单击"确定"按钮，如图 2-3-20 所示。可以选中"运行时不刷新屏幕"复选框，这样自建积木将运行得更快速。在一些特殊情况下，如果这个自制积木命令中包含"播放声音"之类的命令，那么声音的播放可能会失真。

此时，新的命令 就会出现在自制积木模块区，但该模块命令还不具备任何功能。以上步骤，在编程领域中我们通常称之为声明一个函数、定义一个函数或定义一个过程。

133

图 2-3-20　定义画五瓣花命令

3．为新命令编写功能

定义好新模块命令后，舞台区会同时出现 定义 画五瓣花 边数 边长 命令。

这时，为了使命令具有画多边形的功能，需要为其编写功能脚本，如图 2-3-21 所示。

4．使用新模块命令

新命令编写好后，其使用方法和普通命令没有区别。

将 画五瓣花 ○ ○ 从左侧拖曳到编辑区，按定义时的参数要求，给出具体的参数值即可，如图 2-3-22 所示。

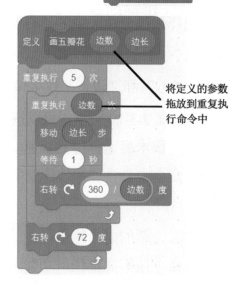

图 2-3-21　编写功能脚本

134

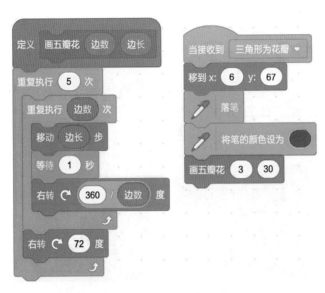

图 2-3-22 新积木脚本

当执行 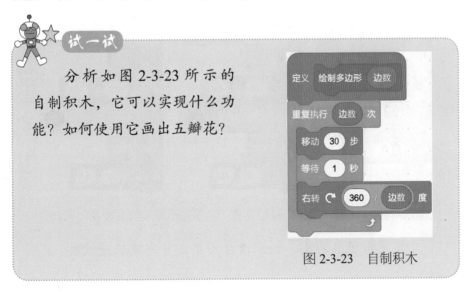 命令时，参数数字 3 和 30 会被复制到新命令的"边数"和"边长"输入项中，进而知道这里需要"重复执行 3 次"和"移动 30 步"，实现脚本程序功能。

试一试

分析如图 2-3-23 所示的自制积木，它可以实现什么功能？如何使用它画出五瓣花？

图 2-3-23 自制积木

135

练一练　　　难度指数：★★★★☆

使用"广播"模拟完成"画多边形花瓣的五瓣花"程序设计。使用"自制积木"模块定义"画五瓣花"过程功能。参考脚本如图 2-3-24 所示。

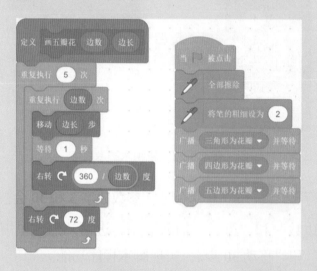

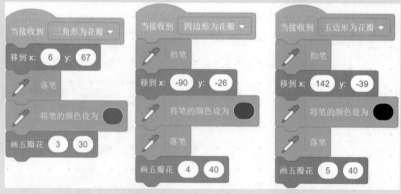

图 2-3-24　使用"广播"模拟完成"画多边形花瓣的五瓣花"代码

使用新积木功能，创意设计图案，并完成程序设计。

第4节　设计"森林搜救"迷宫游戏项目

1. 了解使用计算机解决问题的一般流程。
2. 掌握游戏项目的设计思路和方法。

想一想

　　无论是现实中的迷宫游戏，还是网页中的迷宫游戏，都吸引着大批爱好者。探寻迷宫深处的奥秘是迷宫类游戏最吸引人的关键之所在。同学们能开发出一款独特的迷宫游戏项目吗？

　　要完成这个项目任务，首先要了解利用计算机解决问题的一般过程（见图2-4-1）。

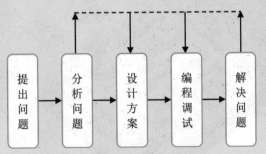

图 2-4-1　计算机解决问题的一般过程

　　要想利用计算机解决问题，需要同学们完成一系列的设计任务，把所要解决的问题转换为计算机程序，然后让计算机来执行这个程序，最终达到利用计算机解决问题的目的。

探究 1： 探秘生活，理解需求

迷宫在人类建造史上已有五千年的历史，这些奇特的建筑物拥有巨大的吸引力，吸引着人们去挑战。维多利亚州墨尔本市南部的肖勒姆镇，有一座阿神科姆迷宫花园（见图 2-4-2），这是澳大利亚最古老也最有名的一座树篱迷宫。组成迷宫的灌木丛有三米高，两米宽，包括 1200 个玫瑰丛，共计 217 种玫瑰品种。

图 2-4-2　阿神科姆迷宫花园

我们的生活中更是处处有迷宫。无论是窗棂的木格、诱人的月饼，还是各种古典建筑布局，这些文化元素看上去都如同迷宫，透着深不可测的神秘感，如图 2-4-3 所示。

图 2-4-3 生活中的迷宫

在游戏世界里，生活中的迷宫建筑被演变成平面迷宫图（见图 2-4-4），曲曲折折的小路里不但埋藏有各式各样的奇妙谜题和宝藏，还可能充满陷阱和危险，等待玩家去探寻答案，完成各种任务。

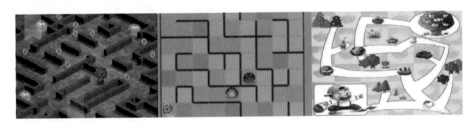

图 2-4-4 游戏中的迷宫

 **理解迷宫游戏**

1. 游戏迷宫图

常见的迷宫图主要有两种：一种是由各种长长短短、曲直不同的宽线条围隔而成的格局图；一种是画面不仅有曲折的路线，而且还配有相应的背景，如图 2-4-5 所示。后者既是一个迷宫，也是一幅漂亮的风景画或者是一个主题场景画。

图 2-4-5　迷宫游戏中的迷宫

2. 游戏角色

游戏角色可以是人物或动物，也可以是篮子、汽车等工具。

3. 游戏规则

迷宫游戏大多采用避障的设计思想，路的线条就是障碍之一，途中也经常会放置各种路障物。鼠标的方向键通常用于控制角色的移动方向，再附加一些收集类任务，设置多个关卡，以增加游戏的趣味性和难度。

4. 迷宫类游戏要点分析

迷宫问题的核心是控制角色从入口开始，避开障碍，抵达目标出口。由此可以确定，设计一个避障迷宫游戏，需要把握 3 个关键要素——角色、障碍和目标。

试一试

在老师或家长的帮助下，从网上找几款避障类迷宫小游戏玩一玩。

试着将游戏中的角色、障碍和目标分析出来，拓宽创作思路。

一起来分析一下避障类迷宫，其角色、障碍、目标的大致安排通常如表2-4-1所示。

表2-4-1　避障类迷宫分析案例

角　色	障　碍	目　标
小猫	墙壁	出口
篮子	墙壁以及不是水果的物品	水果商店
喜羊羊	墙壁，跑动的刺猬	暖羊羊

 创意项目情境

同学们都看过《熊出没》动画片，熊大、熊二和光头强的个性形象都很突出，各有各的特点。现在咱们就用这两个形象元素来设计一个闯关游戏。

话说光头强给熊二的好友萌萌熊邮来一封信，信中说熊二破坏了他的小花园，他很生气，把熊二关在了森林的深处，有巨人把守。萌萌熊知道，要解救熊二，必须躲开光头强，用流光子弹吓跑巨人，而子弹只能使用金币置换。森林里还有几只可爱的猴子，喜欢拦住路人，索要小蘑菇饼干。

探究2： 分析主题需求，设计项目解决方案

用计算机编写程序解决问题时，需要对问题进行分析，明确问题的目标和条件等，依据程序语言的特点，对问题进行分类描述和界定。

 确定角色和行为

充分理解描述问题，寻找问题情境里的对象及对象间的关系。

首先，需要明确项目中需要的角色对象（见图 2-4-6）；其次，需要明确每个角色须完成哪些行为（见表 2-4-2）。

图 2-4-6　迷宫游戏中的角色

表 2-4-2　不同角色对应的行为

角 色	行 为
萌萌熊	游戏主角，勇闯迷宫，解救熊二
光头强	神出没，阻止萌萌熊的行动
金币	萌萌熊需要先找到金币，换取子弹
蘑菇	萌萌熊需要先收集到蘑菇小饼干
小猴	拦在路中间，等着要蘑菇饼干吃
熊二	被捉住，囚禁在迷宫深处，等待解救
守卫者	看守熊二
子弹	射击守卫者

 确定任务和数据变量

根据项目情境描述，明确问题的目标和条件，找到数据关系，规划关卡和变量的设计。

萌萌熊要完成的主要任务有：

❄ 找到金币，置换子弹。

❄ 收集蘑菇小饼干。

❄ 打跑守卫者。

需要记录的数据有：

❄ 蘑菇的数量。萌萌熊需要收集蘑菇小饼干，以应对拦路的小猴子。

❄　守卫者中弹的数量。守卫者中 5 发子弹后，才能被吓跑。

项目总体设计

依据萌萌熊的主要任务和游戏的趣味性原则，项目可以设计
3 个关卡，每个关卡行走不同的迷宫路线，分别完成寻找金币、收
集蘑菇小饼干和解救熊二 3 个任务。总体设计如图 2-4-7 所示。

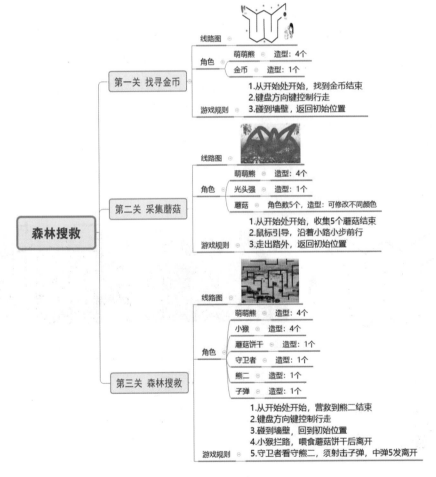

图 2-4-7　总体设计图

探究 3： 分解核心要素功能

📖 迷宫背景图设计

迷宫游戏，通俗地说，就是在一座充满复杂通道的建筑物中避开障碍物并寻找出口的游戏。角色从迷宫入口出发，到达迷宫的某个指定位置（如出口）即为完成任务。从游戏性角度考虑，一个好的迷宫图需要有起点与终点，需要有复杂的路径（包括通路、岔路和死路）及障碍物，还需要有与主题相关的背景图。同学们在设计时，可以使用老师提供的主题背景，可以从网上下载背景，也可以自主设计背景。

本着从易到难、情境丰富的原则，我们可以设计如图 2-4-8 所示的 3 个关卡的游戏线路。

第一关　　　　　　　　第二关　　　　　　　　第三关

图 2-4-8　迷宫路线图

📖 分解核心行为与功能

所谓分解，就是把一个看起来困难重重的问题进行拆解，然后重新阐释成我们能够理解、知道怎样去解决的多个零散问题。分解之后，这些零散的部分更容易被理解和解决，从而降低大型案例的设计难度。

在分解问题过程中，需要厘清每个角色的动作与编程思路，将难点找到，分解，并一一突破，从而从无序状态中脱离出来，找到解决问题的关键点。

1. 角色的移动控制

（1）键盘控制：单个角色，可以使用键盘上的↑↓←→方向按键控制移动方向（见图2-4-9）；如果是多个角色，还需要用到键盘上的其他按键。

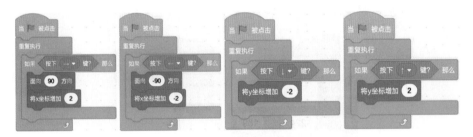

图 2-4-9 键盘控制参考脚本

（2）鼠标控制：可以跟随鼠标移动或者移到鼠标位置（见图2-4-10）。跟随鼠标小步幅移动，可以实现迷宫游戏的行走效果。

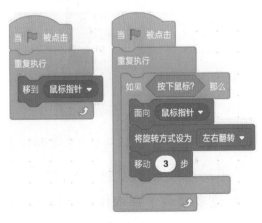

图 2-4-10 鼠标控制角色移动参考脚本

分析第二关中萌萌熊需要达到的移动效果，鼠标需要引导角色沿小路行走到蘑菇处，而不能有走出小路的行为。那么键盘和鼠标两种控制方式，哪种效果更好呢？

2. 子弹射击效果

（1）复习克隆

在第1章接球游戏中，同学们已经学习了克隆的概念。在实际应用中，常通过隐藏命令（隐藏）把本体隐藏起来，以保证出现在舞台区的角色都是克隆体。由于克隆体继承本体的特征，所以要使用显示命令将克隆体显示出来。例如，实现50发子弹克隆的参考脚本如图2-4-11所示。

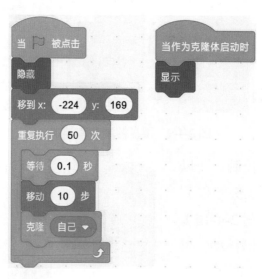

图 2-4-11　克隆 50 发子弹的参考脚本

（2）按空格键发射子弹

需要隐藏子弹本体，每按一次空格键，克隆一次。启动克隆体，让克隆的子弹按要求移动。例如，要实现子弹水平向左射出，参考脚本如图 2-4-12 所示。其中程序段  实现子弹初始化

功能，通过侦测空格键是否按下，控制子弹的发射。为了防止子

弹连续发射，这里使用了 等待 0.2 秒 命令。

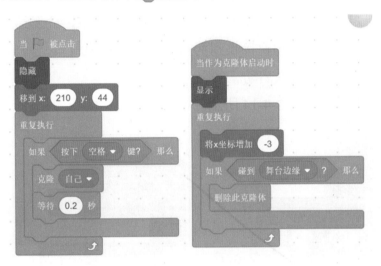

图 2-4-12　水平向左射击的子弹脚本

试一试

试着编辑运行如图 2-4-13 所示脚本，体验和图 2-4-12 中脚本有什么不同效果。

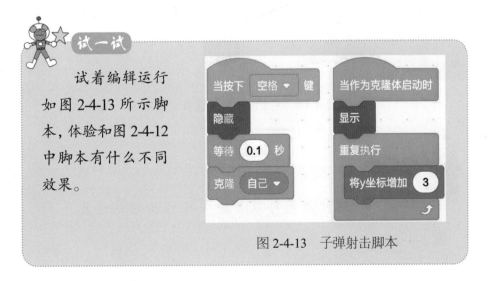

图 2-4-13　子弹射击脚本

3. 关卡间的转换

在事件模块中还有两个重要的命令：。

这两个命令被广泛地应用在两个角色互动的程序设计中。关卡间的启动和结束也需要"广播"命令的帮助。

例如，本项目第一关中，萌萌熊找到金币后，会发送"第一关结束"消息。当角色接收到消息后，转换结束背景，播放声音，告知"第二关"可以启动。

参考脚本如图 2-4-14 所示。

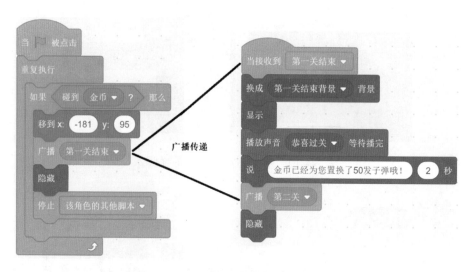

图 2-4-14　关卡前消息传递参考脚本

小提示

使用 辅助角色可以管理关卡间传递的消息（见图 2-4-15）。

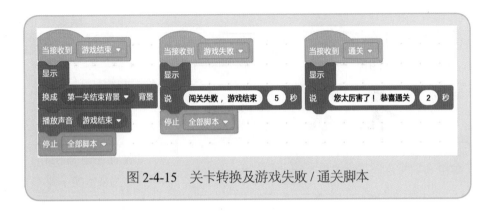

图 2-4-15 关卡转换及游戏失败 / 通关脚本

探究 4： 规划和准备素材

 规划角色和变量

1. 角色规划

根据项目设计功能需求，游戏共分为 3 个关卡，涉及多个角色和场景。为了降低程序编写的复杂度，角色在不同场景下建议以多角色的形式出现，必要时还可以引入临时角色来实现特定功能，如表 2-4-3 所示。

表 2-4-3 角色规划

角 色	来 源	派 生 角 色	主要行为任务
萌萌熊	导入图片	萌萌熊 1、萌萌熊 2 和萌萌熊 3 萌萌熊1 萌萌熊2 萌萌熊3 萌萌熊 萌萌熊	萌萌熊 1、萌萌熊 2 和萌萌熊 3 分别在 3 关中完成关卡任务。萌萌熊作为临时角色，用来传递各种消息

续表

角 色 来 源		派 生 角 色	主要行为任务
光头强	导入图片	光头强、光头强1、光头强2 光头强　光头强1　光头强2	设置在道路中间，静守，或来回行走
金币	导入图片	金币 金币	放置在迷宫出口，可用来置换子弹
蘑菇	导入图片	5朵小蘑菇，造型可以变换颜色 蘑菇1　蘑菇2　蘑菇3　蘑菇4　蘑菇5 蘑菇小饼干 蘑菇小饼干	5朵蘑菇放置在小路各处；蘑菇小饼干给拦路小猴
小猴	角色库中选择	两个小猴 小猴1　小猴2	拦在路中间
熊二	导入图片	一个角色，熊二 熊二	被困在森林深处，等待营救
守卫者	角色库中选择	一个角色 守卫者	来回行走，看守熊二
子弹	角色库中导入	克隆多个角色 子弹	克隆多发，发射后水平移动

150

2. 规划变量

依据项目功能需求，需要新建两个变量：  和
蘑菇数 ，记录守护者中的子弹数量以及收集蘑菇的数量。

准备素材

1. 角色和背景素材准备

依据表 2-4-3 中约定，不同角色素材需要提前做好制作准备。
同学们可以从网上下载，也可以自行制作。比如萌萌熊要实现逼
真的行走效果，需要多个造型（见图 2-4-16）来实现。

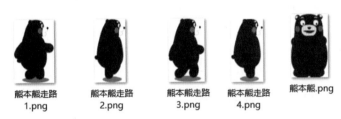

熊本熊走路　　熊本熊走路　　熊本熊走路　　熊本熊走路　　熊本熊.png
1.png　　　　2.png　　　　3.png　　　　4.png

图 2-4-16　萌萌熊造型

再比如蘑菇造型，我们可以通过"造型编辑"命令更换不同
的颜色，实现颜色、形态各异的蘑菇效果，如图 2-4-17 所示。

图 2-4-17　蘑菇造型

最后将准备好的角色和 3 个关卡的背景素材分别添加到项目
文件中，完成两个变量的建立。值得提醒的是，角色和变量的命
名建议语义明确，便于程序调试，也方便第三者阅读程序。

2. 声音素材

为了增加游戏的趣味性，设计时建议加入声音效果。例如，萌萌熊行走中碰到墙壁或者通过关卡时可以录制自己的提醒声音等（见图 2-4-18）。

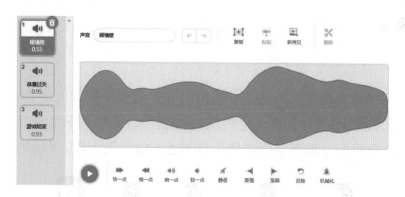

图 2-4-18　特效声音录制

探究 5：编程实现各关功能

 "找寻金币" 关卡的程序实现

1. 设计思路

萌萌熊 1 是本关主角。背景迷宫图主要以线壁分割，金币放置在关卡出口处。萌萌熊 1 的初始位置在开始入口处，使用键盘方向键控制其行走，碰壁即返回起始点。由于迷宫线路的宽窄限制，需要调整萌萌熊 1 的大小以适应本关卡迷宫地图。由于是第一关，背景显示背景状态，角色只有萌萌熊 1 和金币可见。也就是说，如果从单击▶启动程序开始，其他角色都需要加入如图 2-4-19 所示的脚本。

图 2-4-19　脚本

本关卡的游戏界面及迷宫效果如图 2-4-20 所示。

2. 流程图描述

"找寻金币"关卡的流程图如图 2-4-21 所示。

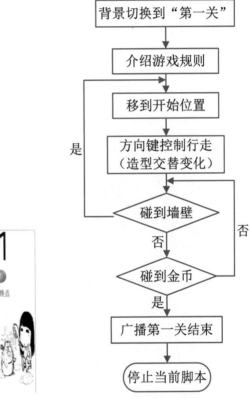

图 2-4-20 游戏界面

图 2-4-21 找寻金币关卡的流程图

3. 萌萌熊 1 角色的程序实现

萌萌熊 1 角色初始化的相关脚本如图 2-4-22 所示。

用键盘方向键控制萌萌熊 1 行走的脚本如图 2-4-23 所示。

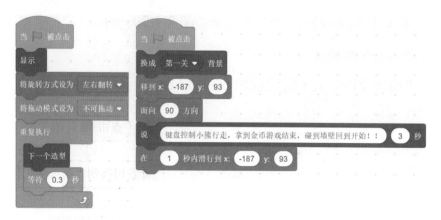

图 2-4-22　角色初始化脚本

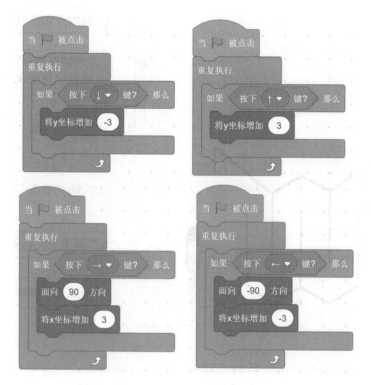

图 2-4-23　键盘方向键控制行走

检测萌萌熊 1 是否碰到墙壁或金币的脚本如图 2-4-24 所示。

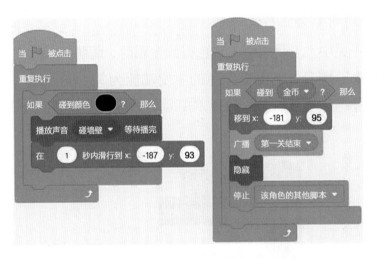

图 2-4-24　检测是否碰到墙壁或金币脚本

小技巧

　　按下键盘的某个按键，检测是否碰到墙壁或金币等，都是事件。事件被触发时，其程序段才会执行。编写程序时，可以依据程序功能进行分解，独立编写这些事件，以方便程序后期调试和复用。

4. 金币角色参考脚本

金币角色的参考脚本如图 2-4-25 所示。

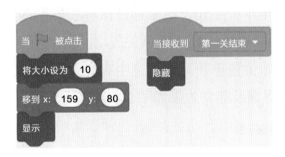

图 2-4-25　金币角色参考脚本

155

5. 萌萌熊角色参考脚本

第一关中，当萌萌熊 1 角色得到金币时，萌萌熊角色发送"第一关结束"消息。萌萌熊角色的主要功能为关卡间传递消息，如切换背景、恭喜过关、通知第二关启动运行等。相关脚本如图 2-4-26 所示。

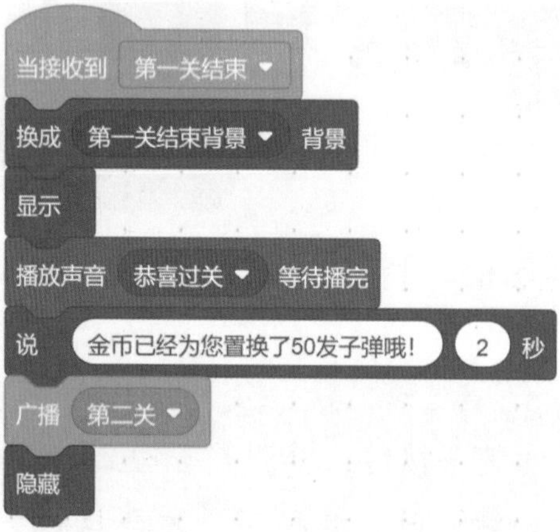

图 2-4-26　萌萌熊角色参考脚本

"采蘑菇"关卡的程序实现

1. 设计思路

萌萌熊 2 是本关主角，玩家通过鼠标引导萌萌熊 2 沿着小路去采集蘑菇，采集 5 朵，则游戏闯关成功。如果途中走到小路边界外，则退回初始位置重新开始。途中有光头强看守，被抓到则闯关失败。游戏界面及迷宫效果如图 2-4-27 所示。

2. 流程图描述

游戏设计流程图如图 2-4-28 所示。

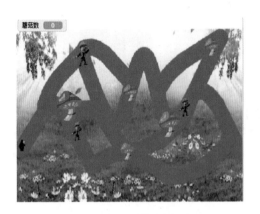

图 2-4-27 游戏界面

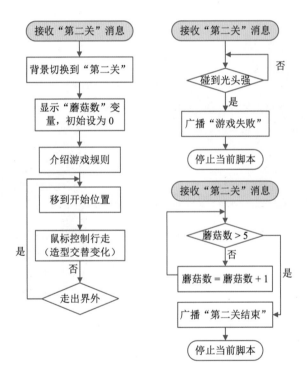

图 2-4-28 "采蘑菇"关卡的流程图

3. 萌萌熊 2 角色的程序实现

萌萌熊 2 角色的初始化代码如图 2-4-29 所示。

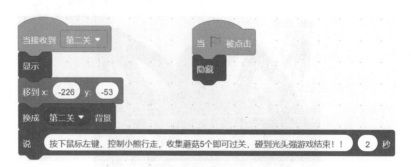

图 2-4-29 "采蘑菇"关卡的流程图

使用鼠标引导角色行走，走出路线边界退回始发地点重新开始。相关代码如图 2-4-30 所示。

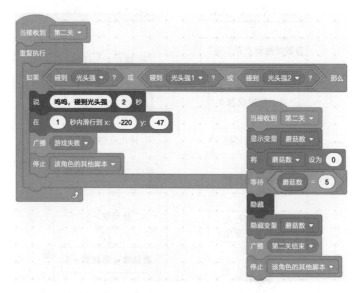

图 2-4-30 鼠标引导角色行走代码

萌萌熊 2 收齐 5 朵蘑菇，则闯关成功；碰到光头强，则闯关失败。相关代码如图 2-4-31 所示。

4. 光头强角色的程序实现

四处移动守卫的光头强相关代码如图 2-4-32 所示。

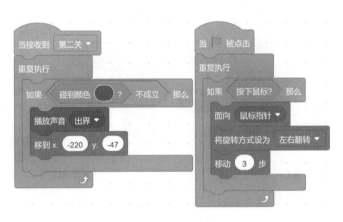

图 2-4-31　闯关代码

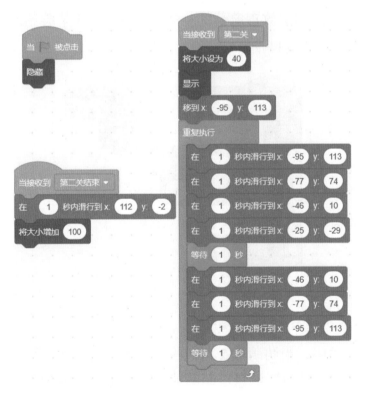

图 2-4-32　移动守卫的光头强

在固定位置看守的光头强的相关代码如图 2-4-33 所示。

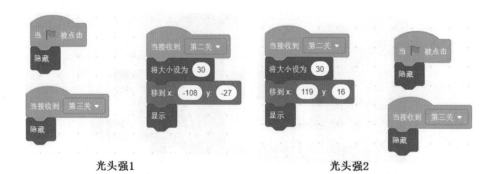

光头强1　　　　　　　　　　　光头强2

图 2-4-33　固定位置看守的光头强

5. 蘑菇角色的程序实现

按自己的想法放置蘑菇的初始位置即可。5 朵蘑菇的脚本程序相同，如图 2-4-34 所示。

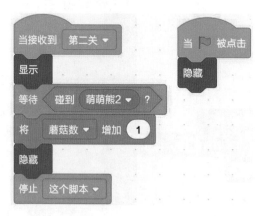

图 2-4-34　蘑菇脚本

6. 萌萌熊角色的参考脚本

第二关中，当萌萌熊 2 角色收集到 5 朵蘑菇时，萌萌熊角色发送"第二关结束"消息。萌萌熊角色的主要功能是为关卡间传递消息，如切换背景、恭喜过关、通知第三关启动运行等。相关脚本如图 2-4-35 所示。

160

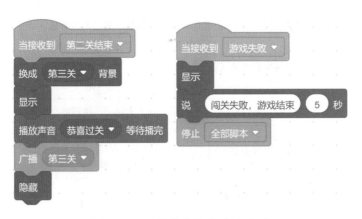

图 2-4-35 萌萌熊角色参考脚本

"森林搜救"关卡的程序实现

1. 设计思路

萌萌熊 3 是本关主角，初始位置位于开始入口处。背景迷宫图主要以线壁分割，通过键盘方向键控制主角行走，碰壁则返回起始点。由于迷宫线路的宽窄限制，需要调整萌萌熊 3 的大小以适应本关卡地图。途中有小猴会拦住去路，喂食蘑菇小饼干可将其移除，碰到小猴则返回起始点。熊二被放置在出口处，有守卫者看守，萌萌熊 3 射击子弹，守卫者中弹 5 发后会被移除，此时便算成功解救熊二。游戏界面及迷宫效果如图 2-4-36 所示。

2. 流程图描述

游戏设计流程图如图 2-4-37 所示。

3. 萌萌熊 3 角色的参考脚本

萌萌熊 3 角色的初始化设置代码如图 2-4-38 所示。

图 2-4-36 游戏界面

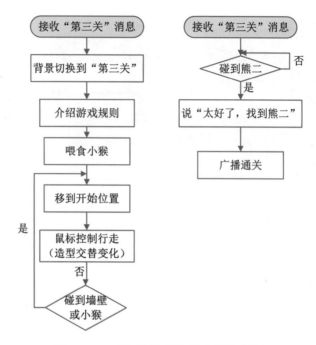

图 2-4-37　"森林搜救"关卡的流程图

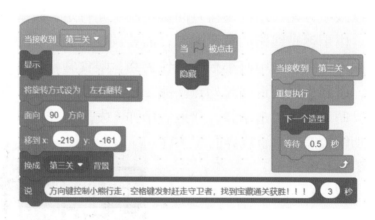

图 2-4-38　初始化设置脚本

使用键盘方向键控制萌萌熊 3 行走的代码如图 2-4-39 所示。

萌萌熊 3 行进过程中，检测其是否碰到墙壁或小猴的代码如图 2-4-40 所示。

162

图 2-4-39 键盘方向键控制行走脚本

图 2-4-40 检测是否碰到墙壁或小猴脚本

成功营救熊二，游戏通关的脚本代码如图 2-4-41 所示。

图 2-4-41 营救熊二，游戏通关脚本

163

4. 小猴角色的参考脚本

小猴角色的参考脚本如图 2-3-42 所示。

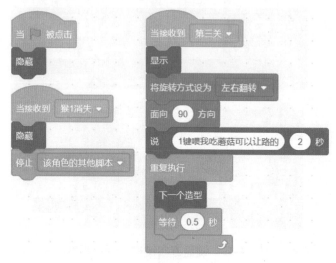

小猴 1

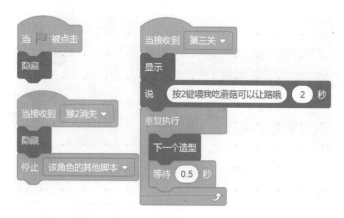

小猴 2

图 2-4-42　小猴角色的参考脚本

5. 蘑菇小饼干角色的参考脚本

蘑菇小饼干角色的参考脚本如图 2-4-43 所示。

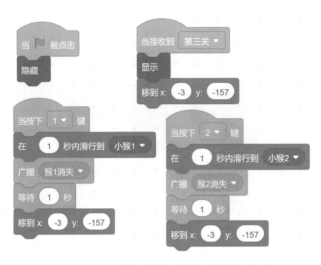

图 2-4-43　蘑菇小饼干角色的参考脚本

6. 守卫者角色的参考脚本

守卫者角色的参考脚本如图 2-4-44 所示。

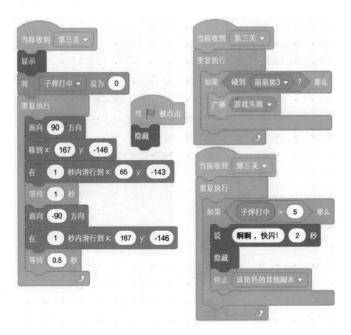

图 2-4-44　守卫者角色的参考脚本

165

7. 熊二角色的参考脚本

熊二角色的参考脚本如图 2-4-45 所示。

图 2-4-45　熊二角色的参考脚本

8. 子弹角色的参考脚本

子弹角色的参考脚本如图 2-4-46 所示。

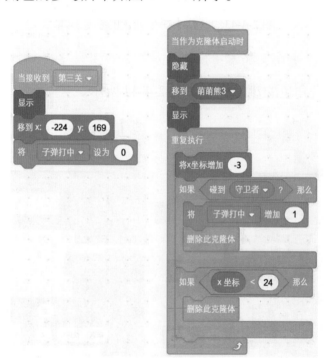

图 2-4-46　子弹角色的参考脚本

9. 萌萌熊角色的参考脚本

萌萌熊角色的参考脚本如图 2-4-47 所示。

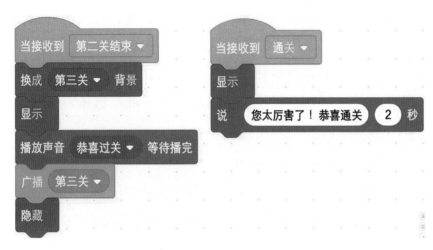

图 2-4-47　萌萌熊角色的参考脚本

探究6：　如何运行和调试程序？

　　项目程序很难保证能一次编写成功，可以说"出错"是编程的常态。调试就是查错和排错的过程，是提高思维能力的好方法。编写完的程序需要进行调试和运行。调试程序不仅要发现错误，分析原因，调整改正，还要对运行的结果进行分析和验证，判断其是否正确和完整。

　　程序中隐藏着的未被发现的缺陷或问题，我们统称为 bug。如果程序运行中存在 bug，同学们该怎么检测到并合理修改呢？

如何尽量避免 bug

1. 思路清晰，模块简洁

虽然 Scratch 是图形化的编程软件，但同学们在设计程序、编写代码模块时，还是应当尽量厘清自己的思路，使用流程图（示意图）的方式把程序执行的顺序及过程先写出来。一个程序当中，条件语句不宜过多，尽量通过分析将条件重新组合，以更加简洁的方式来表达。同时，循环嵌套也同样需要通过优化方案来尽量减少嵌套的数量。

2. 代码分段编写及测试

尽量把一个复杂的程序拆分为多个小功能任务，分步骤进行设计程序，如图 2-4-48 所示。在每次完成或修改了部分程序后，都应该及时进行测试。不要将发现的问题留到最后才解决，这样容易产生各种奇怪的问题，同时难以定位错误的具体原因。

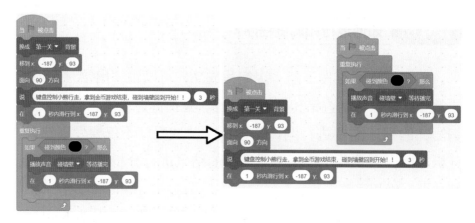

图 2-4-48　分段代码编写

 从局部测试到整体调试

项目程序具有如下特点：角色关系复杂；角色的显示和隐藏在不同关卡中设置不同；广播的消息相互穿插；变量数据共享使

用。因此测试程序时，应从局部测试开始，逐渐过渡到整体调试。该思维方式的逻辑很简单：只要局部正确，由局部构成的整体通常也是正确的。

测试时，需要关注是否有其他处理消息的脚本影响了当前测试的结果。如果有，则需要联合这几段脚本一起进行测试。

Scratch 调试小技巧

1．一个脚本由很多模块命令组成，如果不知道哪一个命令出问题了，可以先将一半命令从脚本中去除，再运行这个脚本。如果没发现差错，就再排查下半部分的命令。通过一部分、一部分地排查，最终将有问题的命令揪出来。这种调试方法有个高大上的名字——二分法。

2．游戏里通常有一些变量数据，调试时可以将变量在舞台上展现出来，并在脚本运行过程中观察这些数据的变化是否符合我们的预期。

3．当程序非常复杂时，调试程序可以在每个分支里加一个"* 说 ...*"积木。在脚本运行时，通过观察角色说的内容判断脚本是否按预期的分支进行。这个在高级语言里叫作打印日志，通过打印日志，可观察程序是否在正常运行！

第 **3** 章

用 Scratch 实现经典算法

第1节 穷 举 法

学习目标

1. 了解使用穷举法进行程序设计的基本思路。
2. 建立合适的数学模型，确定穷举方案。
3. 能够使用 Scratch 语言和穷举法解决问题。
4. 逐步形成算法优化的思想。

真实情景

难度指数：★ ★ ★

鸡兔同笼问题（见图 3-1-1）是我国古代有名的数学问题，自古以来有着各种各样的解法，如假设法、抬脚法、方程法等。无论哪种方法，都需要人们进行一定的推理和计算。如果用计算机来解决这个问题，用什么方法比较好呢？

图 3-1-1 《孙子算法》中的鸡兔同笼

笼子中共有 35 个头，由此可知：鸡的数量 + 兔的数量 =35，鸡的数量最小是 1，最大是 34，兔的数量亦如此。如果将鸡的数量从最小值 1 开始取，直到最后一个值 34，那么鸡、兔可能的数量组合共有 34 对，如表 3-1-1 所示。

表 3-1-1 鸡、兔可能的数量组合

鸡的数量	1	2	3	4	5	…	33	34
兔的数量	34	33	32	31	30	…	2	1

计算机运行速度快，处理能力强。利用它的这个特点，我们可以采用一种比较"笨"的方法，那就是将鸡和兔所有可能的数量组合全部测试一遍，能够令脚的总数为 94 的数字组合，就是我们要寻求的答案。

算法描述

穷举算法

上述将所有可能的数量组合都计算一遍的解决方法，叫作穷举法，也称为枚举法。其基本思想是：根据题目的部分条件确定答案的大致范围，并在此范围内对所有可能的情况逐一进行验证，直到全部情况验证完毕。若某个情况验证后符合题目的全部条件，则为本问题的一个解；若全部情况验证后都不符合题目的全部条件，则本题无解。

穷举法在生活中也有应用。例如，当我们忘记密码箱的密码时，通常会按一定的顺序对所有可能的数字依次进行尝试，直到打开为止。

穷举法是一种需要大量重复操作的算法。在计算机中，可以利用程序的循环结构来实现。利用穷举法解决问题时，需要确定以下几点。

❅ 穷举变量：界定哪些因素需要进行穷举。

❅ 穷举范围：确定穷举变量的取值范围。

❅ 验证条件：需要满足什么条件，才能得出问题的答案。

程序实现

利用 Scratch 编程实现穷举算法，需要 4 个步骤。

1. 定义变量，设置初值

根据问题，需要定义 3 个变量，并进行初值设定。为了语义清楚，将 3 个变量定义为"鸡""兔""脚"，分别表示鸡的数量、兔子的数量和脚的总数量。将"鸡"的初始值设为 1，"兔"的初始值设为"35- 鸡"，"脚"的值设为"鸡 *2 + 兔 *4"。参考程序脚本如图 3-1-2 所示。

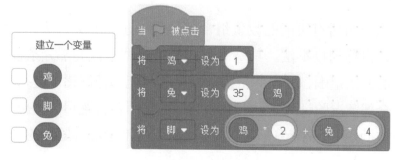

图 3-1-2　定义 3 个变量并设置初始值

2. 验证条件，测试数据

判断当前这组数据是否为我们要寻找的答案，判断条件为"脚 =94"。如果满足这个条件，就将结果说出来。测试和输出的参考程序脚本如图 3-1-3 所示。

图 3-1-3　测试条件及验证结果

3. 改变数值，重新赋值

测试完第一组数据后，需要改变"鸡"和"兔"的值，继续下一轮的测试。这里让"鸡"的数量增加 1，"兔"和"脚"的计算公式不变，所以其赋值语句也不变，如图 3-1-4 所示。

4. 循环测试，实现穷举

变量"鸡"每获得一个新值后，都要重新计算"兔"和"脚"的值，并判断脚的值是否等于 94。总共有 34 对数需要测试，因此上述过程需要重复 34 遍。这里使用限次循环来实现，如图 3-1-5 所示。

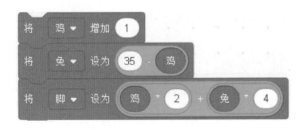

图 3-1-4　重新赋值变量

图 3-1-5　设置循环测试次数

完整的程序参考脚本和运行结果如图 3-1-6 所示。

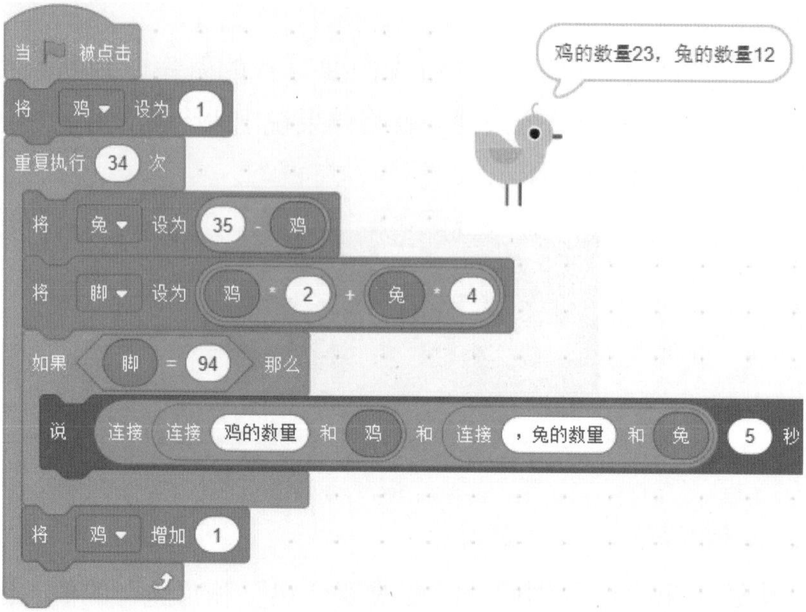

图 3-1-6　完整的程序参考脚本

通过上述解题过程可以看到：求解鸡兔同笼问题，同学们无须求解二元一次方程，也没有各种假设推理，就得到了正确的答案。这是不是很简单呢？的确，穷举法避免了复杂的逻辑推理和计算过程，使问题更加简单化，这是它的优点。同时，利用穷举法解决问题需要做大量重复性的工作，当面对较大的问题时，穷举速度会变得很慢，甚至慢到不可能在规定时间内解出，这是穷举法的缺点。

在设计穷举算法时，通常会通过以下几种方法来优化算法，提高运行效率。

❋　减少循环的次数。

❋　缩小穷举的范围。

❋　减少循环嵌套的层数。

　　某位同学在理解了穷举法的思想后，编写了求解鸡兔同笼问题的程序，如图 3-1-7 所示。与前面的方法相比，你认为哪一种解法更好？为什么？

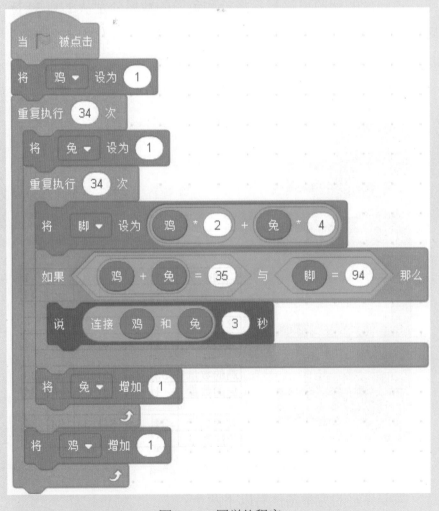

图 3-1-7　同学的程序

在如图 3-1-7 所示的过程中，共有多少对组合数字需要测试？循环共执行了多少次？

该同学的解题思路是：将鸡和兔子的数量分别从 1 到 34 逐个测试，当鸡的数量为 1 时，兔的数量从 1 取到 34；当鸡的数量为 2 时，兔的数量再从 1 取到 34，以此类推。

程序中的循环结构和数字组合如图 3-1-8 所示。

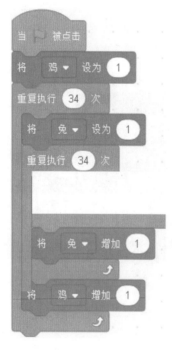

鸡的数量	1	1	1	1	1	1
兔的数量	1	2	3	4	…	34

鸡的数量	2	2	2	2	2	2
兔的数量	1	2	3	4	…	34

…

鸡的数量	33	33	33	33	33	33
兔的数量	1	2	3	4	…	34

鸡的数量	34	34	34	34	34	34
兔的数量	1	2	3	4	…	34

图 3-1-8　循环结构和数字组合

需要界定的穷举条件有以下两个：

❆　鸡和兔的总数为 35。

❄　脚数等于 94。

以上两个条件必须同时成立，所以其逻辑关系为"与"。此种解法看似思路更加简单，但是循环的次数增加了一倍，解题效率会变低，不是最优的穷举策略。

拓展提高

鸡兔同笼问题涉及的事物种类为两种，因此穷举其中的一种即可解决问题。如果涉及的事物种类为 3 种，如百钱百鸡问题，则需要穷举其中的两种，这时就需要用到循环嵌套。

下面来做 3 个练习，体验用穷举法能够解决的 3 种类型问题。快尝试一下，去解决它们吧！

练习 1　礼物搭配

【问题描述】

班里要举办新年晚会，需要购买 30 份礼物进行抽奖，费用为 500 元。同学们选定了 3 种礼物：天气预报瓶，20 元 / 个；萌物抱枕，25 元 / 个；笔袋，4 元 / 个。如果这 3 种商品搭配购买，能否正好将 500 元花完？如果能，该如何搭配？

【思维引领】

本题中共涉及 3 种礼物，需要将其中的两种进行穷举，第 3 种计算得出。

（1）穷举变量：天气预报瓶和抱枕。

（2）穷举范围：均为 1 ~ 28。因为总共要购买 30 份礼物，所以每种礼物的最小值是 1，最大值是 28（每种礼物至少买一个）。

这个范围是否还能缩小呢？假设所有的钱都用来购买抱枕，那么最多可以买 500÷25=20 个抱枕，所以抱枕的数量范围可以缩小到 1 ~ 20。同样，可以计算出天气预报瓶的数量范围为 _____。

（3）穷举条件：_____

如图 3-1-9 所示的代码中缺少了条件判断和输出功能，请你将其补充完整。

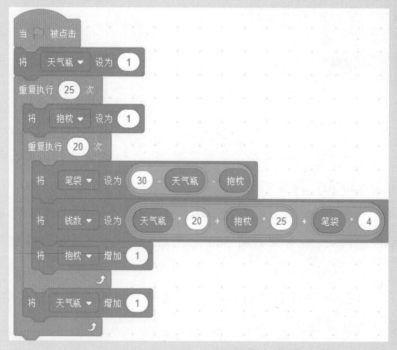

图 3-1-9　礼物搭配问题部分程序脚本

练习2 韩信点兵

【问题描述】

韩信是汉初著名的军事家。据说他才智过人，从不直接清点军队的人数，而是让士兵先后以3人一排、5人一排、7人一排地变换队形，而他每次只看一眼队伍的排尾，就知道总人数了。有一次，韩信带1500名士兵打仗，战死了四五百人。战后清点人数时，士兵们3人一排，多出2人；5人一排，多出4人；7人一排，多出6人。韩信看后，很快说出了士兵的人数。

请你用穷举法求出士兵的人数。

【思维引领】

本题虽然也涉及3种情况，但却不是分配问题，而是根据3种情况求总数。所以，穷举变量只需一个即可。

（1）穷举变量：＿＿＿＿＿＿＿＿＿＿＿＿＿＿

（2）穷举范围：阵亡士兵在 400～500，因此剩余士兵的数量范围为 1000～1100。

（3）穷举条件：此题中共有3种排队方式，已知每种排队方式都满足了一个条件，能使这3个条件同时成立的数就是士兵的总数。用变量 x 表示士兵的总数，表示3个条件及其关系的代码脚本如图 3-1-10 所示。

x 的值从 1000 开始，每次增加 1。逐个测试，直到能同时满足上述3个条件为止。利用直到型循环，可以使程序简洁、明了。请尝试将上述条件放到直到型循环的条件框中（见图 3-1-11）。

图 3-1-10　条件的代码脚本

图 3-1-11　韩信点兵问题的部分代码脚本及运行结果

练习 3　警察抓小偷

【问题描述】

警察局抓了 a、b、c、d 4 名嫌疑犯，其中只有一人是小偷。审问中，大家的说法如下。

a 说："我不是小偷。"

b 说："c 肯定是小偷。"

c 说："小偷肯定是 d。"

d 说："c 在冤枉人。"

已知4个人中3个人说的是真话，一个人在撒谎。请问，谁是小偷？

【思维引领】

给a、b、c、d 4个嫌犯分别编号为1、2、3、4。变量x表示小偷，利用穷举法让x的值依次取1、2、3、4，逐一进行测试，能够满足条件的值就是小偷的编号。

（1）穷举变量：小偷的编号。

（2）穷举范围：1~4。

（3）穷举条件：4个嫌疑犯每个人说的话都是一个条件，用x=i表示第i个编号的人是小偷。具体条件如表3-1-2所示。

表3-1-2　判断条件

条 件 编 号	嫌　犯	证　词	条 件 表 示
条件1	a	我不是小偷	$x \neq 1$
条件2	b	c肯定是小偷	$x = 3$
条件3	c	小偷肯定是d	$x = 4$
条件4	d	c在冤枉人	$x \neq 4$

其中，有一个人说谎，说明上述4个条件中有3个是成立的，一个不成立。条件成立时，逻辑值为1；不成立时，逻辑值为0。因此，4个条件的逻辑值之和应为3，穷举条件为 $(x \neq 1) + (x = 3) + (x = 4) + (x \neq 4) = 3$。对应的参考脚本程序如图3-1-12所示。

程序运行结果如图3-1-13所示。

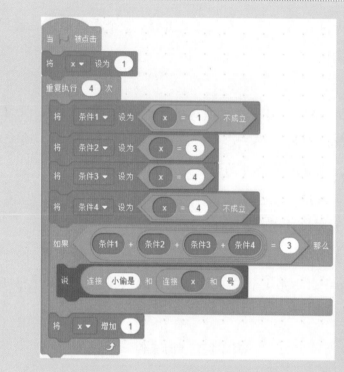

图 3-1-12　参考代码脚本

图 3-1-13　运行结果

银行卡的密码为什么输错 3 次，卡就被锁定了？

我国的银行卡都限制了密码输入次数，如果密码输错 3 次，账户就会被锁定。这是为什么呢？

这样做主要是为了避免别有用心的人使用穷举法暴力破解密码。穷举法也被称为暴力破解法，原理就是将所有可能的密码组合一个一个去尝试。为了应对这种情况，多数登录系统会对密码输入次数进行限制，当错误次数达到可容许次数时，密码验证系统就会自动拒绝验证，甚至还会自动启动入侵警报。

第 2 节　排 序 算 法

学习目标

1. 了解排序算法的实现原理。
2. 体验利用排序算法解决问题的过程。
3. 理解选择排序以及冒泡排序的过程及作用。
4. 学会使用选择排序、冒泡排序法解决实际问题。

真实情景　　　　　　　　　　难度指数：★★★

幼儿园里，猴子老师安排班里的 5 只小兔子做游戏，每只小兔子坐在不同的玩具杯子里，接下来猴子老师在每个杯子上贴上不同的数字编号，让兔子们按照编号大小进行排队。同时，猴子老师准备了红色和蓝色小星星各一个，在游戏中辅助使用。

小兔子们最初所在的杯子及数字如图 3-2-1 所示。

图 3-2-1　排序前的数字

请观察图 3-2-1 中兔子所在杯子的数字，思考：应如何对兔子们进行排序？

问题界定

如果只是图 3-2-1 所示的 5 只兔子，相信你已经帮小兔子们排好队了。但如果有 100 只兔子、1000 只兔子需要按序号排队，又该从何做起呢？

排序是程序世界中最常见的任务之一，也是很多任务的先决条件。排序的算法有很多种，评价的标准是排序的速度和效率。如果待排序的元素数量少于 500，且对速度的要求不太高，可以尝试选择排序算法和冒泡排序算法。

　选择排序算法

在给定的一组数中，选定一个最小的数，将其与第一个元素

交换位置。然后再从未排序的区域中继续挑选一个最小的数，将其与第二个元素交换位置。重复以上过程，直到这组数中的所有数都按由小至大的顺序实现了排列。

冒泡排序算法

在给定的一组数中，自右至左依次比较左右两个元素，将较小的元素像气泡一样浮动到数组的最左侧，直到形成一个从左至右、由小到大排列的有序数组。

算法描述

下面分别用选择排序算法和冒泡排序算法实现小兔子们的排序。

1. 用选择排序算法排序

第 1 轮排序：在左端第一个兔子上放置红色星星和蓝色星星，位置标记为 j，则第 1 轮中 $j=1$。接下来，从红色星星（即 $j+1$）开始，自左向右，依次比较每个兔子所在的数字与第一个兔子的数字，并将蓝色星星放在数字较小的兔子位置。红色星星右边的兔子全部比较完毕后，蓝色星星将停留在最小的兔子编号之上。将红色星星和蓝色星星所在位置的兔子交换位置，最小编号的兔子就被移动到了左边第一个位置。至此，第一轮排序完成，整个排序过程如图 3-2-2 所示。

第 2 轮排序：将红色星星和蓝色星星放在左边第二个兔子位置，即 $j=2$ 的位置。按照第 1 轮的步骤进行比较和交换。在第 2 轮排序后，编号为 4 的兔子被移动到正确位置，如图 3-2-3 所示。

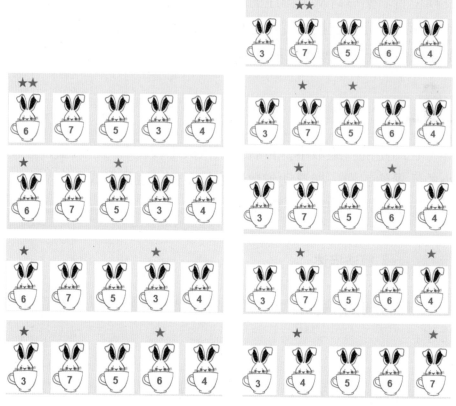

图 3-2-2　第 1 轮排序　　　　　　　图 3-2-3　第 2 轮排序

第 3 轮排序：将红色和蓝色星星放在左边第 3 个兔子位置，即 $j=3$ 的位置开始。按照第 1 轮的步骤进行比较和交换。第 3 轮排序后，因为编号为兔子 5 已经是最小的数字，所以它已经到达正确位置，如图 3-2-4 所示。

图 3-2-4　第 3 轮排序

第 4 轮排序：将红色和蓝色星星放在左边第 4 个兔子位置，即 $j=4$ 的位置开始，按照第 1 轮的步骤进行比较和交换。第 4 轮排序后，因为编号为兔子 6 已经是最小的数字，所以它已经到达正确位置，如图 3-2-5 所示。

图 3-2-5　第 4 轮排序

到此为止，5 只小兔子已按照从小至大的数字顺序排列完毕。

2. 用冒泡排序算法排序

第 1 轮排序：在左端第一个兔子上放置红色星星，标记为 j。在最后一个兔子上放置蓝色星星，标记为 i。接下来，从右至左依次查看 i 和 $i-1$ 位置相邻的两只兔子编号，并比较两个编号的大小。如果兔子编号 i 小于兔子编号 $i-1$，则两者交换位置，然后蓝色星星向左移动一步（$i=i-1$）。重复上述操作，直到蓝色星星与红色星星遇到一起，将 j 位置兔子编号的数字显示出来。第 1 轮排序后，编号 1 的兔子（最小的兔子）被移动到正确位置，如图 3-2-6 所示。

第 2 轮排序：将红色星星向右移动 1 步（$j=j+1$），将蓝色星星放置到最右端（$i=5$），然后按照前面描述的步骤进行比较和交换，直到红色星星与蓝色星星碰到一起，将 j 位置的兔子编号显示出来。第 2 轮排序后，编号 5 的兔子被移动到了正确位置，如图 3-2-7 所示。

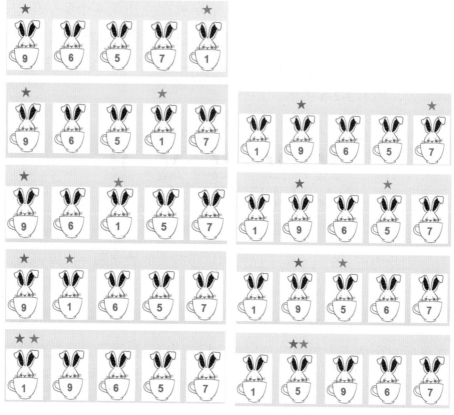

图 3-2-6　第 1 轮排序　　　　　图 3-2-7　第 2 轮排序

　　第 3 轮排序：重复上述排序步骤，编号 6 的兔子被移动到正确位置，如图 3-2-8 所示。

　　第 4 轮排序：重复上述排序步骤，编号 7 的兔子被移动到正确位置，剩下的编号 8 的兔子自然也处于正确位置，如图 3-2-9 所示。

　　到此，冒泡排序过程结束，5 只小兔子已按编号从小至大的顺序排列完毕。

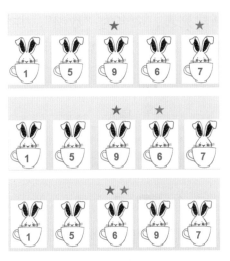

图 3-2-8　第 3 轮排序

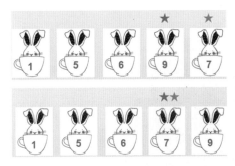

图 3-2-9　第 4 轮排序

程序实现

　选择排序的程序实现

1. 准备排序数列素材

❋　**方法 1**：新建"排序 .txt"文件，将"9,6,5,7,1"输入到文

191

件中。新建列表，命名为"数组"，并将排序文件数据导入"数组"列表中，如图 3-2-10 所示。

图 3-2-10 导入 txt 文件

❄ **方法 2**：编写程序，手动依次输入"9,6,5,7,1"，参考代码如图 3-2-11 所示

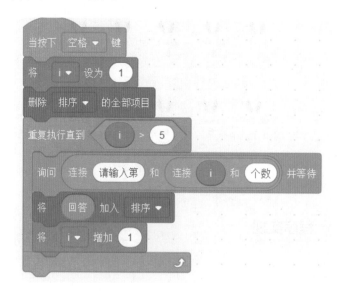

图 3-2-11 输入排序数列

2. 流程图

兔子排序游戏的流程图描述如图 3-2-12 所示。

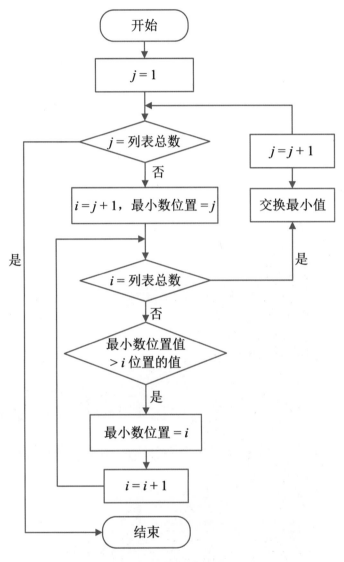

图 3-2-12 选择排序流程图

3. 设计变量

根据程序实现需求，需要设计 4 个变量，具体描述如表 3-2-1
所示。

表 3-2-1   设置 4 个变量

变 量 名 称	变量的作用
i	记录红星的位置
j	记录蓝星的位置
最小数的位置	一轮比较中记录最小数的位置
交换位置	交换的临时变量

4. 程序实现参考脚本

选择排序的程序参考脚本如图 3-2-13 所示。

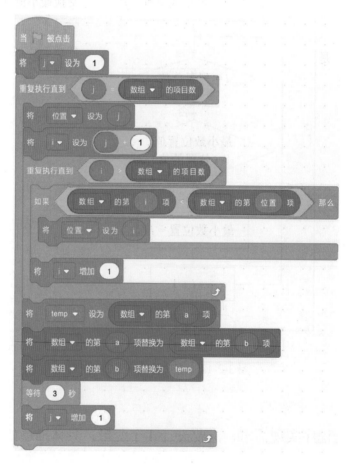

图 3-2-13   选择排序的程序参考脚本

想一想

同学们在第2章中已经学习了面向"过程"的编程方法。分析图3-2-13中的脚本，哪些部分代码可以使用自定义积木实现呢？

1. 自制积木，实现数据交换功能

实现数据交换功能的程序代码如图3-2-14所示。

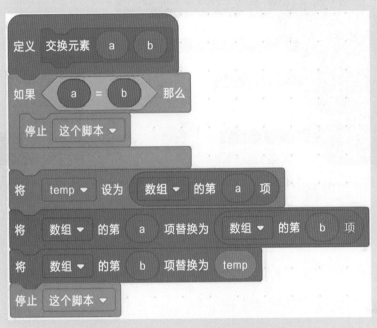

图3-2-14 自定义积木实现数据的交换

2. 自制积木，实现选择排序功能

实现选择排序功能的程序代码如图3-2-15所示。

有了这两个"过程"积木，主程序中实现选择排序功能就很简单了，如图3-2-16所示。

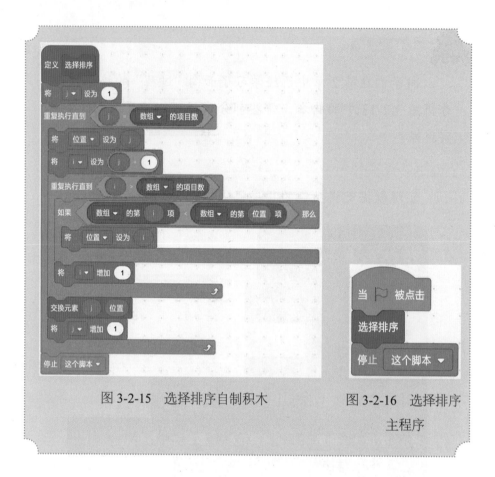

图 3-2-15　选择排序自制积木　　　图 3-2-16　选择排序

主程序

 冒泡排序的程序实现

按照冒泡排序算法的基本思想，结合兔子排序的例子，可以编写冒泡排序程序。该程序主要由一个分支程序和一个"冒泡排序"模块组成。

运行程序之前，需要将兔子们的编号 9、6、5、7、1 导入数组中。实现冒泡排序算法时，需要交换两个元素的位置，这里创建一个"交换元素"模块（见图 3-2-17）来实现此功能。

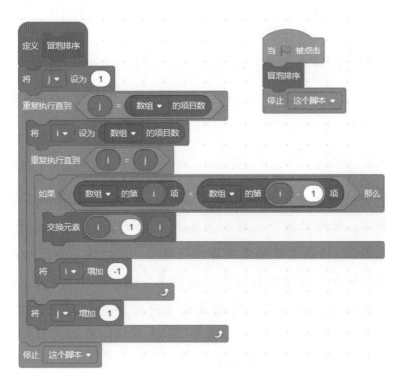

图 3-2-17　交换元素模块

整个冒泡排序算法的参考程序代码如图 3-2-18 所示。

图 3-2-18　冒泡排序程序

拓展提高

　　快速排序是当下最优秀的一种排序算法。其基本思想是：选择未排序数组左侧的第一个元素为基准元素，经过一轮排序后，小于基准元素的数移到基准左边，而大于基准元素的数移到基准右边，作为基准元素的数移到排序后的正确位置。经过这个过程，整个数组被基准元素划分为两个未排序的分区。之后再依次对每个未排序的分区以递归方式进行上述操作。每轮排序都能使一个基准元素放到排序后的正确位置。当所有分区不能再继续划分时，排序完成，形成一个按从小到大排列的有序数组。

　　请你按照快速排序的编程思想，试着编程实现小兔子们的排序。

试一试

　　学校进行诗歌朗诵比赛，选手共分为 5 组，每组 5 名。初赛后，每组取第一名进入决赛，且进入决赛的各组选手按分数高低，由高到低确定决赛出场顺序。请你运用本节知识，将这个场景中的问题分别用冒泡排序、选择排序、快速排序这 3 种排序方法实现，并思考这 3 种排序的优缺点，做出总结。

利克瑞尔数

在其他基数下，某些数可被证明经重复的逆序相加迭代后肯定不能形成回文数，但对于196和其他的十进制数，目前无法证明这点。

由于目前还不可能证明一个数永远不能形成回文数，所以"196和其他那些（看起来）不能形成回文数的数是利克瑞尔数"这一命题仅是猜想，并未得到证明。能证明的仅是那些反例，即如果一个数最终能形成回文数，则它不是一个利克瑞尔数。

因此196是第一个可能的利克瑞尔数。（OEIS中的数列A023108）中列出的最前面的可能的利克瑞尔数是：

196，295，394，493，592，689，691，788，790，879，887，978，986，1495，1497，1585，1587，1675，1677，1765，1767，1855，1857，1945，1947，1997。

第3节 递 推 算 法

1. 体验递推公式的分析推理过程。

2. 通过 Scratch 编程解决问题，理解递推算法的实质及作用。

3. 逐步掌握利用递推算法分析、解决实际问题的方法。

真实情景

从前，意大利有一位知名的数学家里昂纳多·斐波那契（Leonardoda Fibonacci，1170—1250），他在 1202 年出版的《计算书》（Liber Abaci）中，设计了一道有趣的算术题目，称作"兔子数列"。

有一对小兔子，小兔子长到 2 个月大后，如果每个月都会生下一对雌雄小兔子，1 年后总共会有多少对兔子？

问题界定

上述问题看似简单，却可以排列成极为有趣的数列。

在兔子数列中，小兔子的总对数可以用图 3-3-1 来表示。

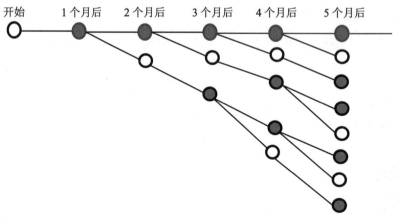

图 3-3-1　小兔子的对数

●表示新生的一对兔子，○表示下个月即将产子的一对兔子。

请你观察图 3-3-1 中第 1 ～ 6 个月后的兔子对数，填写表 3-3-1。

表 3-3-1　一段时间后的兔子数量

第 1 个月	第 2 个月	第 3 个月	第 4 个月	第 5 个月	第 6 个月
1	1	2			
第 7 个月	第 8 个月	第 9 个月	第 10 个月	第 11 个月	第 12 个月

你能从前面 6 个月的兔子对数中，发现什么规律吗？请根据自己发现的规律将 7 ～ 12 个月的兔子对数填在上面表格中。

本问题的关键就是要找到规律，运用规律求解出第 12 个月的兔子对数。

算法描述

通过以上分析，我们知道每个月的兔子数量是按一定规律变化的，我们需要利用变量来表示每个月的兔子对数。

a：第 1 个月的兔子对数。

b：第 2 个月的兔子对数。

c：第 3 个月的兔子对数。

第 3 个月兔子对数 = 第 1 个月兔子对数 + 第 2 个月步子对数，即 $c=a+b$。

第 4 个月兔子对数 = 第 2 个月兔子对数 + 第 3 个月兔子对数。

第 5 个月兔子对数 = 第 3 个月兔子对数 + 第 4 个月兔子对数。

……

如果每个月这样写下去，想求出第 12 个月的兔子对数是不是得需要 12 个变量呢？如果这样的话就太麻烦了。有没有可能用一个统一的关系式，来表示这样的运算规律呢？

从以上分析可知，从第 3 个月开始，后续若干个月的兔子对

数都是前两个月的兔子对数与前一个月的兔子对数之和。

前两个月兔子对数和前一个月兔子对数是随着月份的变化"往后移动"的，如图 3-3-2 所示。

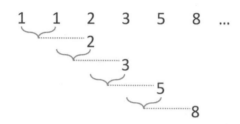

图 3-3-2　兔子数量随月份的变化

我们可以用一个式子来表示这样的关系，就是 $c=a+b$。这里，a 表示前两个月的兔子数，b 表示为前一个月的兔子数。当计算再下一个月时，a 就是前两个月（即上一次计算过程的前一个月 b）的值，此时的 b 即为刚刚计算出来的上一个月的兔子对数。也就是说，存在这样的递推关系：

$a=b$

$b=c$

这种方法就是算法中的递推方法，即给定一个数的序列 H_0,H_1, …, H_n, …，若存在整数 n_0，使得 $n>n_0$ 时，可以用等号（或大于号、小于号）将 H_n 与其前面的某些项 H_i（$0<i<n$）联系起来，这样的式子就叫作递推关系。

 **递推算法**

递推算法是一种简单的算法，即通过已知条件，利用特定关系得出中间推论，直至得到结果的算法。

递推的精髓在于：$f(n)$ 的结果一般由 $f(n-1)$、$f(n-2)\cdots f(n-k)$ 的前 k 次结果推导出来。解决递推问题时，难点就是如何从简单而特殊的案例，找到问题的一般规律，写出 $f(n)$ 与 $f(n-1)$、$f(n-2)\cdots$ $f(n-k)$ 之间的关系表达式，从而得出求解的结果。

可用递推算法求解的问题，一般有以下两个特点：

❈ 问题可以划分为多个状态。

❈ 除初始问题外，其他各个状态都可以用固定的递推关系式来表示。

在解决实际问题时，需要认真分析各种状态，找出递推公式，并利用程序来解决。

程序实现

根据前面的分析，我们需要在 Scratch 中定义 3 个变量 a、b、c，分别代表前两个月的兔子对数、前一个月的兔子对数和当前月的兔子对数，然后将其初值分别设置为 1、1、0，如图 3-3-3 所示。

图 3-3-3 变量设置初值

想一想

为什么将 c 的初值设置为 0 呢？设置成其他数值是否也可以呢？

递推的过程为：

$c=a+b$

$a=b$

$b=c$

在 Scratch 中，代码块如图 3-3-4 所示。

图 3-3-4　设置 c 的值

因为需要求第 12 个月的兔子对数，因此以上代码块需要重复执行 10 次，如图 3-3-5 所示。

图 3-3-5　重复执行次数

最后要让小猫将结果说出来，代码如图 3-3-6 所示。

图 3-3-6　说出结果

完整参考脚本如图 3-3-7 所示。

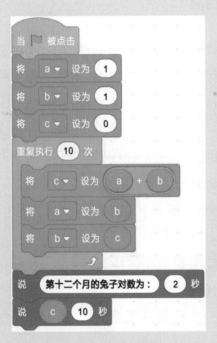

图 3-3-7　完整参考脚本

运行结果如图 3-3-8 所示。

图 3-3-8　运行结果

拓展提高

通过以上学习，我们经历了分析实际问题、界定问题、抽象特征、建立结构模型、合理组织数据的过程。将这些数据以合理的方式在 Scratch 中体现，并通过 Scratch 语句块进行程序实现，最终解决了第 12 个月兔子总对数的问题。在此基础上，还可以在程序中加上一些问题，比如让用户回答第几个月的兔子对数是多少，或者让小猫说出来几个月的兔子对数。

现在，你理解递推算法的核心思想了吗？请试着完成以下练习。

练习：一段楼梯有 10 级台阶，规定一步只能跨过一级或两级台阶。要登上第 10 级台阶，有几种不同的走法？

提示：这是一个斐波那契数列。登上第一级台阶，有 1 种登法；登上第两级台阶，有 2 种登法；登上第三级台阶，有 3 种登法；登上第四级台阶，有 5 种登法……

在完成这个练习前，建议同学们按表 3-3-2 所列项目思考并填写相关内容，最后再编写程序。

表 3-3-2　登台阶项目思考

项　目	内　容
1. 问题界定。描述一下要解决什么问题	
2. 解决这个问题的关键是什么	
3. 这个问题是否满足递推问题的两个特点	

续表

项 目	内 容
4. 这个问题中哪些因素是变化的? 写出这个问题的递推公式	
5. 描述解决这个问题的过程, 即分哪些步骤	
6. 以上步骤中, 关键步骤要用到 Scratch 中的哪些语句	
7. 运行并调试程序	

 小 提 示

神奇的斐波那契数列

将杨辉三角居左对齐, 将同一斜行的数加起来, 即可得到本节开始的数列: 1,1,2,3,5,8,13,…, 如图 3-3-9 所示。

杨辉三角

斐波那契数列

图 3-3-9 杨辉三角和斐波那契数列

该数列叫作斐波那契数列, 它有许多神奇之处。比如, 随着数列项数的增加, 前一项与后一项的比值会越来越逼近黄金分割数 0.6180339887…

关于斐波那契数列的其他神奇之处, 感兴趣的同学可自行搜索、查阅、学习。

第 4 节 递 归 算 法

学习目标

1. 知道递归的概念，了解递归调用的过程。
2. 分析案例实现，理解递归算法的实质和作用。
3. 应用递归算法解决问题，提升计算思维。

真实情景　　　　　　　　　　　　　　难度指数：★ ★ ★ ★

　　求两个正整数的最大公约数是常见的数学问题，除了小学课本中介绍到的求解方法之外，中国古代数学专著《九章算术》中也记载了求两个正整数最大公约数的一种方法——更相减损术。原文是：

　　"可半者半之，不可半者，副置分母、子之数，以少减多，更相减损，求其等也。以等数约之。"

　　文中所说的"等数"，就是最大公约数。求"等数"的办法是"更相减损"法。

　　其具体操作步骤可描述为：

　　第一步：任意给定两个正整数，判断它们是否都是偶数。若是，则用 2 约简；若不是则执行第二步。

　　第二步：以较大的数减较小的数，接着把所得的差与较小的数比较，并以大数减小数。继续这个操作，直到所得的减数和差相等为止。

则第一步中约掉的若干个 2 与第二步中等数的乘积就是所求的最大公约数。

试一试

下面通过两个例子，理解通过更相减损法求等数（最大公约数）的过程。

例 1. 用更相减损法求 98 与 63 的最大公约数。

解：由于 63 不是偶数，把 98 和 63 以大数减小数，并辗转相减，直至减数和差相等为止。

98-63=35

63-35=28

35-28=7

28-7=21

21-7=14

14-7=7

所以，98 和 63 的最大公约数为 7。

例 2. 用更相减损法求 260 和 104 的最大公约数。

解：由于 260 和 104 均为偶数，首先用 2 约简得到 130 和 52，再用 2 约简得到 65 和 26。此时，65 是奇数而 26 不是奇数，故接下来把 65 和 26 辗转相减。

65-26=39

39-26=13

26-13=13

所以，260 与 104 的最大公约数等于 13 乘以第一步中约掉的两个 2，即 13*2*2=52。

如果用 a 代表一个数, b 代表另一个数, 则 "更相减损" 法求最大公约数求解的关键是把一个复杂的问题分解成两个子问题。

（1）如果 a 和 b 全是偶数, 则用 2 约减直至满足 a、b 不全是偶数。记录约减的次数。

（2）不全是偶数的 a 和 b 最大公约数的求解步骤可以这样描述：先用较大的数减去较小的数得到差值, 然后用减数与差值中的较大数减去较小数, 以此类推, 当减数与差相等时, 此时的差值（或减数）即为这两个正整数的最大公约数。

具体操作可用流程示意图表示, 如图 3-4-1 所示。

分析求解过程不难发现一个新的现象, 和以往接触的循环语句相比, a 和 b 的计算过程是通过不断改变自身的值来重复调用实现的。如何编程实现？这要用到一个新的编程技巧——递归。

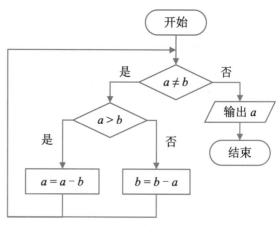

图 3-4-1　流程示意图

递归算法

在数学与计算机科学中, 递归（Recursion）指的是在函数定

义中调用函数自身的方法。递归，顾名思义，包含了"递"和"归"两重意思，而这正是递归思想的精华之所在。

递归算法指的是一个过程或函数在其定义或说明中又直接或间接调用自身的一种方法。它可把一个大型的复杂问题，通过层层转化，化解为一个与原问题相似但规模较小的问题来求解。

一般来说，构成递归需要具备的条件如表3-4-1所示。

表 3-4-1　递归条件

	构建一个递归子函数	为递归调用给一个出口
大问题分解为核心小问题	先用较大的数减去较小的数，得到差，然后用减数与差中的较大数减去较小数（辗转相减）	当减数与差相等时，程序调用结束
算法流程示意图描述	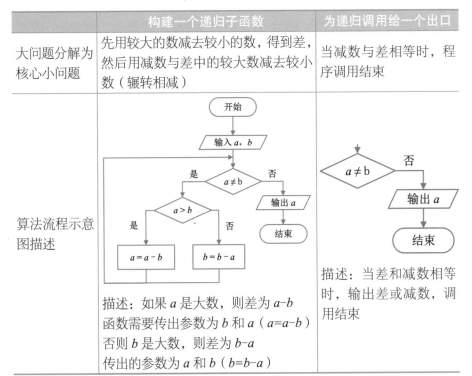 描述：如果 a 是大数，则差为 $a-b$ 函数需要传出参数为 b 和 a（$a=a-b$）否则 b 是大数，则差为 $b-a$ 传出的参数为 a 和 b（$b=b-a$）	描述：当差和减数相等时，输出差或减数，调用结束

❋　子问题须与原始问题求解思路相同，但更为简单

❋　不能无限制地调用本身，须有终止出口。

使用递归算法的思想编程实现"更相减损"法求最大公约数，我们需要找到问题的关键特征，提取重复的逻辑，缩小问题规模，找出递归终止时的处理方法。

1. 给定两个数，用更相减损法构建递归函数

在 Scratch 3.0 中，通过自制模块命令可以实现函数自定义功能。

我们可以使用 ● 模块新建一个积木，添加数字给两个变量
自制积木
a 和 b，在代码区给出这个积木的实现程序，自定义求 a 和 b 最大公约数的递归调用函数，参考程序如图 3-4-2 所示。

2. 用递归函数实现程序

A 和 B 不全为偶数时，从键盘上任意输入两个不全为偶数的正整数，求其最大公约数，程序解决代码如图 3-4-3 所示。

A 和 B 全为偶数时，从键盘上任意输入两个正整数，判断它们是否都是偶数。若是，则用 2 约简；直至两个数不全为偶数，程序解决代码如图 3-4-4 所示。

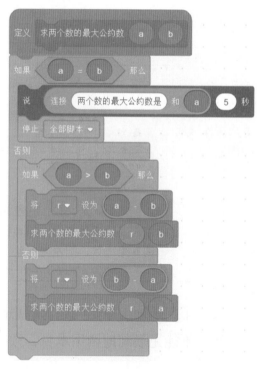

图 3-4-2　参考程序脚本

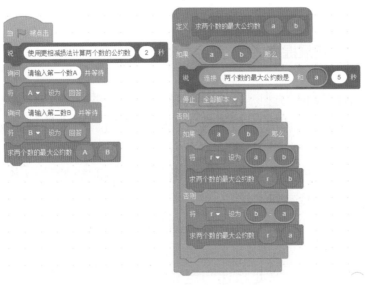

图 3-4-3 不同为偶数求最大公约数

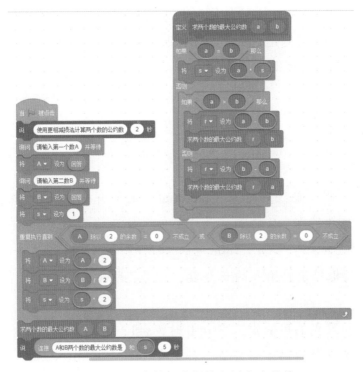

图 3-4-4 两个数同为偶数求最大公约数

213

拓展提高

总结梳理何为递归算法，就是把规模大的问题转化为规模小的相似子问题来解决。在函数实现时，因为解决大问题的方法和解决小问题的方法往往是同一个方法，所以就产生了函数调用自身的情况。另外这个解决问题的函数必须有明显的结束条件，否则就会产生无限递归。

在实际的学习和工作中，递归算法一般用于解决以下 3 类问题：

❄ 问题的定义是按递归定义的。例如，Fibonacci 函数、阶乘等。

❄ 问题的解法需要使用递归求解。例如，汉诺塔问题。

❄ 数据结构是递归的。例如，链表、树的操作，包括树的遍历、树的深度等。

试一试

【问题描述】

一个正整数的阶乘（factorial）是所有小于及等于该数的正整数的积。0 的阶乘为 1，自然数 n 的阶乘写作 $n!$，且 $n!=1 \times 2 \times 3 \times ... \times n$。1808 年，基斯顿·卡曼引进这个表示法。请根据用户输入的正整数，计算其阶乘。

【思维引领】

如果我们用 $s=n!$，当 $n=0$ 时，$s=1$；否则 $s=(n-1)! \times n$。

根据问题描述和分析，补充表 3-4-2。

214

表 3-4-2 用递归算法求解阶乘

	构建一个递归子函数	为递归调用给一个出口
大问题分解为 核心小问题		
算法流程示意 图描述		
	递归子函数定义	主程序实现
程序实现		

经典的汉诺塔游戏

【游戏描述】有 A、B、C 3 根相邻的柱子。A 柱子上有若干个大小不等的圆盘，大的在下，小的在上。要求把这些盘子从 A 柱移到 C 柱，中间可以借用 B 柱，但每次只允许移动一个盘子，并且移动过程中 3 个柱子上的盘子始终保持大盘在下，小盘在上（见图 3-4-5）。

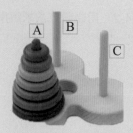

图 3-4-5　流诺塔

【经典问题】有 3 根相邻的柱子，标号为 A、B、C。其中，A 柱子上从下到上按金字塔状叠放着 n 个不同大小的圆盘。要把所有盘子一个一个地移动到柱子 B 上，且每次移动时同一根柱子上都不能出现大盘子在小盘子上方的情况，请问至少需要多少次移动。（设移动次数为 $H(n)$）

【递归算法】一位美国学者发现一种出人意料的简单方法，只要轮流进行两步操作就可以了。首先把 3 根柱子按顺序排成品字形，把所有的圆盘按从大到小的顺序放在柱子 A 上，根据圆盘的数量确定柱子的排放顺序：若 n 为偶数，按顺时针方向依次摆放 A B C；若 n 为奇数，按顺时针方向依次摆放 A C B。

（1）按顺时针方向把圆盘 1 从现在的柱子移动到下一根柱子，即当 n 为偶数时，若圆盘 1 在柱子 A 上，则把它移动到 B；若圆盘 1 在柱子 B 上，则把它移动到 C；若圆盘 1 在柱子 C 上，则把它移动到 A。

（2）接着，把另外两根柱子上可以移动的圆盘移动到新的柱子上。即把非空柱子上的圆盘移动到空柱子上，当两根柱子都非空时，移动较小的圆盘。这一步没有明确规定移动哪个圆盘，你可能以为会有多种可能性，其实不然，可实施的移动是唯一的。

（3）反复进行（1）（2）操作，最后就能按规定完成汉诺塔的移动。

所以结果非常简单，就是按照移动规则向一个方向移动盘子。

如3阶汉诺塔，其移动情况如下：A→C，A→B，C→B，A→C，B→A，B→C，A→C。

读书笔记

读书笔记